高等职业教育资源环境类专业系列教材

天水地区地质概况与地质认识实习指导书

TIANSHUI DIQU DIZHI GAIKUANG YU DIZHI RENSHI SHIXI ZHIDAOSHU

主　编　姜啟明
副主编　高　翔
参　编　王敏龙　任四清

西安交通大学出版社
国家一级出版社
全国百佳图书出版单位

内容简介

本书采用情境式结构编写。全书分为三个情境,其中一个是"学习情境",另外两个是"实习情境"。每个情境下,布置若干个"任务"。学习情境一,主要介绍甘肃省东南部地区的区域地质概况,包括大地构造划分、区域构造、主要地层、主要岩浆岩等,在此基础上介绍天水附近的地质概况。实习情境二,主要内容是天水附近的九条实习路线(包含"罗盘的使用"共10个任务),属于典型地质现象的实习内容。实习情境三,主要是实习的基本要求,包括安全要求、实习报告、常见问题解决等。

图书在版编目(CIP)数据

天水地区地质概况与地质认识实习指导书 / 姜啟明主编. —西安:西安交通大学出版社,2022.3
ISBN 978-7-5693-1556-1

Ⅰ.①天… Ⅱ.①姜… Ⅲ.①区域地质-概况-天水-高等学校-教学参考资料 Ⅳ.①P562.423

中国版本图书馆 CIP 数据核字(2020)第 002685 号

书 名	天水地区地质概况与地质认识实习指导书
主 编	姜啟明
策划编辑	曹 昳
责任编辑	杨 璠 刘艺飞
责任校对	李 文
出版发行	西安交通大学出版社
	(西安市兴庆南路1号 邮政编码 710048)
网 址	http://www.xjtupress.com
电 话	(029)82668357 82667874(市场销中心)
	(029)82668315(总编办)
传 真	(029)82668280
印 刷	西安五星印刷有限公司
开 本	787 mm×1092 mm 1/16 印张 8.125 字数 206 千字
版次印次	2022 年 3 月第 1 版 2022 年 3 月第 1 次印刷
书 号	ISBN 978-7-5693-1556-1
定 价	36.90 元

如发现印装质量问题,请与本社市场销中心联系、调换。
订购热线:(029)82665248 (029)82665249
投稿热线:(029)82668804
读者信箱:phoe@qq.com

版权所有 侵权必究

甘肃工业职业技术学院
教材编写委员会

主　任　鲁挑建

副主任　罗增智　刘智涛　曹　昳

委　员　（按姓氏笔画排序）

丁智奇　王红玲　王利军　王敏龙　王筱君
石生益　史东坡　任四清　刘　芳　刘青青
李　鹏　杨　虎　杨军义　杨明皓　杨轶霞
吴永春　何　瑛　佟　磊　张　鑫　陈冠臣
陈浩龙　赵文秀　姜啟明　高　翔　唐　均
黄晓慧　董珍慧　廖天录

前言

随着国家教育教学改革的进一步深化,高职院校要培养技能型人才,在地质勘查类专业培养中,需要加强"应用技能"方面的训练。以前的《地质认识实习指导书》是 20 世纪 80 年代编写的,使用的资料过于陈旧,在"地质概况"中没有小比例尺地质图,学生使用中缺乏"宏观"概念,同时缺乏典型地质现象素描图,为了克服上述弊端,我们编写了这本《天水地区地质概况与地质认识实习指导书》。

本书第一部分属于基础地质,主要资料来源于编者 2012 年结题的"甘肃省礼县中川地区金成矿规律研究"项目,编者还收集了西秦岭地区大量最新的基础地质资料,研究深度较深。这一部分内容只要求学生了解一下,其中天水地区 1∶20 万地质图和基本岩性等内容供学生查阅,也可供在西秦岭地区开展地质勘查工作的技术人员查阅。第二部分内容涉及范围较小,适用于地质调查与矿产普查专业、地球物理勘探技术专业、水文与工程地质专业、岩土工程技术专业、钻探技术专业、地质灾害调查与防治专业等开展"地质认识实习"。第三部分为"附录",是可以供学生和地质技术人员查阅的知识性内容,其中的岩性花纹图案供绘制地质素描图使用。

本书内容涉及矿物岩石、构造地质、矿床地质、地貌和第四纪地质、工程地质学等内容,所以本书属于综合性实习的指导书。

本书是在 1985 年校编教材《地质认识实习指导书》(在 1987—1989 年又经过了 3 次修订)的基础上完成的,参与编写和修订的教师有诸明义、赵得思、柳国斌、卢焕英、王敏龙、常青等。原校编教材对学生的基础知识要求很高,教材编写简单(仅 27 页)。本次重新编写有如下特点:①对"甘肃东南部地质概况"进行了大量的补充,增加了

1∶400万比例尺的"甘肃省东南部地区区域地质图"和1∶20万比例尺的"天水地区区域地质图"等相关的地质知识,让学生了解做地质工作,要有"面"的意识,避免学生只有"点"的概念;②增加了大量典型地质现象的"地质素描图",教学生如何根据规定的岩性花纹符号去绘制"地质素描图",训练学生如何"突出"表现地质现象;③增加了地质现象描述和分析成因等内容,帮助学生理解地质现象所反映的"实质"性内容。以上3个特点,主要针对学生"底子太薄,对理论不感兴趣,喜欢实习"的学情,在实践中培养学生的兴趣和地质工作的基本技能。

  本书由姜启明教授主编,主要负责书稿的统筹,并编写大部分内容、绘制所有插图;高翔副教授编写少量内容,并审查全部书稿,王敏龙副教授负责编写实习情境二中"罗盘的使用"。甘肃省核地质二一九大队高级工程师任四清同志负责学习情境一的部分内容,并审查书稿。

  由于编者水平有限,疏漏之处在所难免,欢迎读者批评指正。

编 者
2021年9月

目录

学习情境一　甘肃东南部地区地质概况 …………………………………… 1

　　学习任务一　西秦岭地区地史概况 ……………………………………… 3
　　学习任务二　西秦岭地区主要构造和地层 ……………………………… 6
　　学习任务三　西秦岭地区主要岩浆岩 …………………………………… 19
　　学习任务四　西秦岭地区主要矿产 ……………………………………… 23
　　学习任务五　天水附近地区地质概况 …………………………………… 32

实习情境二　天水地区地质认识实习指导书 …………………………… 43

　　实习任务一　罗盘的使用 ………………………………………………… 46
　　实习任务二　皂角袁家河地质实习路线 ………………………………… 50
　　实习任务三　吕二沟地质实习路线 ……………………………………… 54
　　实习任务四　高家湾后山地质实习路线 ………………………………… 59
　　实习任务五　阳坡地质实习路线 ………………………………………… 63
　　实习任务六　渭河峡口地质实习路线 …………………………………… 70
　　实习任务七　牛头河地质实习路线 ……………………………………… 77
　　实习任务八　别川河地质实习路线 ……………………………………… 83
　　实习任务九　温家峡—辽家河坝地质实习路线 ………………………… 89
　　实习任务十　康家崖—观景台地质实习路线 …………………………… 98

实习情境三　地质认识实习的基本要求和实习报告 …………………… 103

　　实习任务一　地质认识实习的基本要求 ………………………………… 103
　　实习任务二　地质认识实习报告的编写 ………………………………… 106
　　实习任务三　地质认识实习成绩评定 …………………………………… 110

附录 A　岩浆岩代号和分类 …………………………………………………………… 112
附录 B　常见岩石花纹图案 ………………………………………………………… 114
附录 C　构造及矿产符号 …………………………………………………………… 117
附录 D　地层、岩浆岩及其相应的地质时代和代号综合表 ………………………… 118
参考文献 ……………………………………………………………………………… 120

学习情境一　甘肃东南部地区地质概况

相关知识

(1) 甘肃东南部地区属于"秦岭地槽",在元古代接受了大量的海相沉积,整个古生代处于动荡环境下,"秦岭地槽"经历了多次的"海进-海退"构造旋回,部分地段接受沉积,部分阶段处于剥蚀阶段;在中生代末期由于基底侵入岩和板块汇聚作用而隆起成陆。

(2) 甘肃东南部地区地跨5个构造单元,分别是祁连褶皱带(Ⅰ)、西秦岭褶皱带(Ⅱ)、滇青藏古海洋板块(Ⅲ)、壁口晚元古代隆起(Ⅳ)、扬子古陆板块(Ⅴ)。其中Ⅰ~Ⅲ号构造单元属于"秦岭-祁连-昆仑褶皱带"的一部分。陕甘交界处的陇山以东属于"华北古陆板块",行政区跨甘肃、青海、四川、陕西、宁夏等省(区)。

(3) 西秦岭地区周边都被深大断裂切割,这些深度超过地壳、达到上地幔的断裂,造就了西秦岭地区巍峨壮丽的自然景观和丰富的地热资源。

(4) 西秦岭地区地层出露较齐全,祁连-北秦岭地区缺失志留系、部分泥盆系和石炭系,大别-南秦岭区的中秦岭分区缺失泥盆系下统和志留系中下统。前寒武系地层的碎屑物主要有两种来源:一种是海底火山喷发沉积,再经变质作用形成角闪岩相深变质岩,另一种是由混合岩化作用形成的条带状混合岩或混合花岗岩等,这些岩石是在深埋以后经交代-重熔作用形成。本区古生代地层主要是浅变质岩类,以板岩、千枚岩、粉砂岩为主。中生代以后的岩石主要是陆相沉积岩,以紫红色、灰绿色、灰白色泥岩,粉砂岩和砂砾岩为主。

(5) 西秦岭地区Ⅰ级褶皱有白龙江复背斜和石家河坝复向斜,前者控制了西秦岭南带的地层展布方向,后者控制了西秦岭北带的地层展布。西秦岭Ⅱ级及以下褶皱非常发育,控制局部地层的展布方向。

(6) 西秦岭地区Ⅰ级大断裂都是大地构造单元划分的边界。其中以"武都弧"最为著名,该断裂带由3条近于平行的深断裂组成,断裂长度约2 000 km,其西段为NW向,东段为NE向。西秦岭南带边缘文县附近有两条平行断裂控制的独立地体,称"碧口古陆"。

(7) 西秦岭地区侵入岩发育。岩浆岩分布在两个地区,一个位于甘肃省天水市麦积区东部-南部地段,其中麦积区东部主要有火炎山岩体、党川岩体、秦岭大堡岩体和百花岩体,麦积区南部-陇南地区边界处主要有:天子山岩体和木其滩岩体;另一个位于陇南北部-天水西部地段,其中陇南北部-定西南部有:校场坝岩体、间井岩体、柏家庄岩体、中川岩体和禄础坝岩体,天水西部有温泉岩体(位于武山县境内)。这些岩体中,火炎山岩体和党川岩体分别是加里东期和海西期造山运动的产物,侵入前寒武系地层;其余岩体都是印支期-燕山早期产物,侵入古生代地层。

(8)西秦岭地区的主要矿产是有色金属和贵金属,其次还有少量黑色金属及放射性矿产。本地区的金矿处于"川陕甘金三角"金矿集中区,这些金矿都是20世纪80年代以后发现的金矿,其中文县阳山金矿、岷县寨上金矿、礼县李坝金矿、西和县大桥金矿属于超大型金矿。陕西西南部的勉县、宁强、略阳、凤县和川北地区与甘肃接壤地段还有几十个中型、大型金矿。陇南的西(和)-成(县)铅锌矿田属于全国第二大铅锌生产基地,该铅锌矿伴生银矿,在新中国成立之前作为银矿开采。本地区铜矿主要是甘南州特大型德乌鲁铜砷矿床和夏河县东部的阿夷山铜钨矿床。本地区铁矿主要是甘南州碌曲和卓尼县迭山2个铁矿床,产于中泥盆统地层中,以鲕状赤铁矿为主,且层位及厚度稳定,规模大,但含磷高,不易选矿。本地区铀矿主要有"若尔盖铀矿田",位于甘肃省甘南州迭部县与四川若尔盖县两省交界地区。本地区矿产资源丰富,未来发展潜力巨大。

(9)天水市附近实习区的地层主要分为"老地层"和"新地层"。老地层主要分为3套地层:①下元古界秦岭群(Pt_1q),它是本区最古老的地层,主要岩性是条带状混合岩、混合花岗岩和大理岩。②李子园群($(Z-O)l$)、葫芦河群($(Z-O_2)h$)和陈家沟群下岩组(O_3ch^a),这些都是震旦纪-奥陶纪形成的地层,主要岩性是角闪石片岩、石英云母片岩、长英质片麻岩、白云质大理岩等。这些岩石与秦岭群共同组成天水地区的"结晶基底",其中是否含石墨大理岩是秦岭群(Pt_1q)与葫芦河群($(Z-O_2)h$)区别的主要标志。天水地区大理岩和白云岩等碳酸盐岩分布面积较大,其中储存大量地下水,地下水中钙、镁离子含量很高,是天水地区结石病高发的主要原因。③实习区南西部出露少量中泥盆统舒家坝群(D_2s)地层,主要岩性包括斑点状板岩、粉砂质绢云母绿泥石板岩、变质砂岩、千枚岩等。新地层主要是白垩系砂砾岩、下白垩统泥岩、粉砂岩,古近系和新近系砾岩及第四系黄土;新地层呈水平层状,与下伏老地层(特别是下元古界秦岭群和震旦-奥陶系陇山群、葫芦河群)之间呈角度不整合接触关系。

(10)天水地区的深大断裂主要有2处,一个位于天水东南部的温家峡,这里是天水-宝鸡深大断裂出露地段,近东西向,主要证据是温泉;另一个是武都-天水深大断裂,近南北向,这是通过物探方法、结合地形地貌推断的深大断裂。天水地区的褶皱构造不发育,级别较高的褶皱构造往往发生在老地层中,但天水附近老地层被大量白垩系-第四系覆盖,无法观测和确认。新地层都是近水平层理,很少有褶皱。

(11)天水地区的岩浆岩和矿产:喷出岩仅在麦积区伯阳乡北部有喜马拉雅山期喷出的渣状玄武岩(呈熔岩被状)和火山凝灰岩、火山角砾岩和火山集块岩(层状),面积很小;在基性熔岩中产有蛇纹玉,当地称为"庞公石"。实习区东南边部地带是火炎山岩体,该岩体以海西期正长花岗岩为主体,亦含有印支期二长花岗岩,在辽家河坝村附近还有燕山晚期二长花岗岩侵入,岩体内外接触带产有铀矿点;实习区南部娘娘坝附近还有柴家庄岩体,为印支期二长花岗岩,出露面积较小,该岩体外接触带产有柴家庄中型金矿床。在清水县上倪村—柏树村以南以东地段还分布有海西期二长花岗岩和印支期正长花岗岩,沿北西向断裂构造侵入形成,岩体边部产有矽卡岩型铁矿点,即别川河铁矿点。在两旦河—太阳山之间的上泥盆统地层中产有太阳山铜矿点。

学习任务一　西秦岭地区地史概况

任务描述

(1)了解西秦岭地区寒武纪之前的演化历史和"多岛洋"的形成年代。
(2)了解古生代秦岭地区微板块的演化历史和多次的海侵-海退旋回。
(3)了解西秦岭地区隆起成陆的年代。
(4)了解西秦岭快速崛起的证据和SHRIMP测试地质年代的基本方法和由此形成的证据。
(5)了解中国大陆形成的大致地质年代。

甘肃省东南部地区,属于华北古陆板块、滇青藏古海洋板块和扬子板块的夹持区,区内的主要山脉是秦岭向西延伸的部分,故称"西秦岭"地区。秦岭从河南省西部向西延伸,贯穿陕西省,再向西经甘肃省与青藏高原衔接。秦岭是中国南方与北方的分界线。

一、西秦岭早期演化阶段

1. 中元古代

在中元古代,即距今18.5亿～10.5亿年的晋宁运动期间,扬子北缘为多岛洋,并于距今10.5亿年左右的罗迪尼亚(Rodinia)超大陆事件中形成地体增生型大陆边缘。早期演化的主要证据有2条。

(1)下元古界秦岭群(Pt_1q),分布于天水市附近河流下切的河谷地段及其南东部局部地段,主要岩性是含石墨大理岩组合、钙硅酸盐组合;富铝片麻岩组合、长英质片麻岩组合等。

(2)中元古界陇山群(Pt_2l),分布于天水市太阳山-贾家河以南地段,主要岩性为硅镁质大理岩组合、富铝片麻岩组合;钙硅酸盐岩组合、长英质片麻岩组合;黑云角闪斜长片麻岩组合等。

2. 新元古代

新元古代(10.5亿～5.7亿年前)初期,Rodinia超大陆开始裂解,在震旦纪,扬子陆块北缘沿现在的商(南)-丹(凤)断裂迅速扩张分裂,打开秦岭洋盆,进入秦岭主造山期板块构造扩展期,局部出现洋壳,大量发育新元古-早古生界火山沉积岩系,主要证据有以下3条。

(1)李子园群(($Z-O)l$):分布于天水市南部李子园乡附近,地层呈近东西向展布,主要岩性为变基性火山岩组、变中酸性火山岩组和变碎屑岩组。

(2)葫芦河群(($Z-O_2)h$):主要分布于天水市北部秦安县葫芦河地段和南东部的贾家河-辽家河坝一带。南部是下岩组(($Z-O_2)h^a$),主要岩性是黑云母石英片岩、黑云母绿泥石角闪石片岩;北东部是上岩组(($Z-O_2)h^b$),岩性为角闪斜长片麻岩夹角闪岩、千枚岩。

(3)陈家沟群下岩组(O_3ch^a),仅分布于天水市麦积区伯阳-元龙乡以南局部地段;岩性以片麻岩为主,夹有白云岩、白云质灰岩,少量硅灰岩、条带状混合岩等。

3. 早古生代末期

在早古生代末期(约4亿年前),加里东构造运动导致古陆板块全面对接,西秦岭被动大陆接触碰撞,碰撞导致沿商丹带形成少量碰撞型花岗岩和高压变质带,同时沿勉(县)-略(阳)带发生的裂解导致勉略古洋盆的形成和秦岭微板块的形成并独立,在秦岭微板块的南北边界分别发现了新生的勉略洋盆和残留的商丹洋盆,构成三板块(华北、秦岭、扬子)夹两缝合带(商丹带和勉略带)的基本格局。

这一时期属于动荡环境,海侵和海退现象频繁发生,造成某些地层的缺失,具体情况如下:北秦岭分区缺失志留系、泥盆系中下统和石炭系地层;中秦岭分区缺失志留系中下统、泥盆系下统和石炭系上统;南秦岭分区仅缺失泥盆系下统地层。这些事实表明,北秦岭分区在志留纪-早中泥盆世和石炭纪时期处于隆起成陆状态(海退),二叠纪以后又再次下沉(海侵),继续接受沉积。中秦岭分区早-中志留世和早泥盆世、晚石炭世都处于隆起成陆状态(海退),中石炭世以后再次下沉,接受沉积;南秦岭仅在早泥盆世处于上升剥蚀状态,其余阶段仍然处于"海槽"阶段,继续接受沉积。总而言之,北秦岭分区和中秦岭分区海侵和海退现象较为频繁,经历了三个构造旋回,而南秦岭与扬子板块结合部位较为平静,只经历了一次隆起成陆阶段。

二、西秦岭晚期演化阶段

西秦岭地区中生代以后主要经历了两个构造演化阶段。

(1)印支构造运动和燕山早期构造运动阶段:这是扬子板块与华北板块陆内斜向汇聚的主要阶段,此时西秦岭正在崛起。这一阶段形成的侵入体主要有天水东部的秦岭大堡岩体和礼(县)-岷(县)-武(山)地区的教场坝、闾井、柏家庄、中川、碌碡坝、温泉6大花岗岩体(图1-1),这是本地区金及多金属成矿的主要阶段;形成的地层以深紫红色、灰色的砾岩、砂岩为主;构造变形以近东西向褶皱和断裂构造变形为特征,如图1-1中的羊沙-娘娘坝和罗坝-高桥大断裂。

(2)晚白垩世-古近纪演化阶段:该阶段一直延续到新生代,是西秦岭演化的次要阶段,形成以砖红色、紫红色砾岩、砂岩、页岩为主,间夹有灰色、灰黄色、灰绿色泥岩和页岩层,具有不连续面状分布的特征,指示了其沉积时地壳的广泛拉伸的构造背景。礼县上洮坪附近和天水辽家河坝地区近于水平产出的白垩系紫红色、杂色砂砾岩代表这一时期的产物,这些地层在甘肃省东南部地区分布面积不大,是中元古界、新元古界和古生界(石炭系和泥盆系)地层的盖层。

三、西秦岭地质历史演化的主要证据

在"甘肃省礼县中川地区金成矿规律研究"项目中,使用最新的SHRIMP测试技术,对西秦岭地区的碎屑岩进行了成岩时代的测试。测试样品来自西秦岭中带中川复式花岗杂岩体及附近的中石炭统和中泥盆统地层,取样面积大约覆盖西秦岭地区500 km^2范围,共测试了11件样品、126粒锆石,这些锆石基本上可以代表西秦岭地区的地层形成年代。

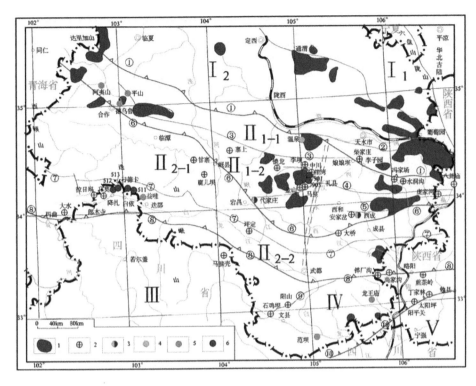

I₁—北祁连优地槽褶皱系；I₂—祁连中间隆起带；II₁₋₁—西秦岭北带之北亚带；II₁₋₂—西秦岭北带之南亚带；II₂₋₁—西秦岭南带之北亚带；II₂₋₂—西秦岭南带之南亚带；III—滇青藏古海洋板块；IV—壁口晚元古代隆起；V—扬子古陆板块；①—临夏-商南俯冲断裂带；②—天水-宝鸡深大断裂；③—羊沙-娘娘坝断裂；④—罗坝-高桥断裂；⑤—董河-黄渚关断裂；⑥—临潭-凤县俯冲断裂带；⑦—光盖山-成县断裂；⑧—玛曲-略阳俯冲断裂；⑨—碧口西北缘断裂；⑩—青川-阳平关断裂；图中虚线为天水-武都物探推测断裂；1—花岗杂岩体；2—金矿；3—铅锌矿；4—钼矿；5—铜矿；6—铀矿。

图1-1 甘肃省东南部地区大地构造分区及矿产略图[1]

由于中石炭统和中泥盆统地层的岩石都属于碎屑岩,而碎屑岩中的锆石具有继承性,"老锆石"代表它来自老地层,"年轻锆石"代表它来自新地层。

测试结果表明,古元古代和中元古代的锆石分别占总数的11.86%和8.47%,这说明这两个时代的碎屑是本区碎屑来源的次要阶段;本区的碎屑物中有42.37%的碎屑来自新元古界地层,这说明新元古界地层是本区主要碎屑物的来源;对比陈衍景和富士谷的研究结果可见,这是Rodinia超大陆裂解、扬子陆块北缘广泛伸展的结果[2],这也与王荃的研究结果[7]相吻合。早古生代的锆石占24.03%,说明这些锆石来自早古生代秦岭洋盆的沉积产物;而晚古生代(泥盆纪)的锆石仅占总数的11.86%,这说明晚古生代时期,秦岭地层局部处于上升剥蚀阶段,没有碎屑物进入碎屑岩;进一步说明本区在早古生代末期—晚古生代时期处于一个频繁动荡沉积环境中,仅局部地段形成沉积岩。

学习任务二　西秦岭地区主要构造和地层

任务描述

(1)了解西秦岭地区所处的构造单元和各单元之间的构造界线。

(2)了解西秦岭地区构造单元的"三分法"和"二分法"。

(3)了解西秦岭地区、北秦岭分区、中秦岭分区和南秦岭分区老地层的基本岩性,初步具有识别老地层的基本技能。

(4)了解西秦岭地区、北秦岭分区、中秦岭分区和南秦岭分区缺失哪些地层,能根据缺失地层初步判断该区的隆起时代。

(5)了解西秦岭地区、北秦岭分区、中秦岭分区和南秦岭分区新地层的基本岩性,初步具有识别新地层的基本技能。

一、西秦岭构造分区

1.西秦岭地区大地构造划分

如图1-1所示,学者一般将甘肃省东南部地区划分为2个大的构造带,以羊沙-娘娘坝断裂(图1-1中③号断裂)和临夏-商南俯冲断裂带东段(图1-1中①号断裂李子园以东地段)为界,将此断裂以北地区划分为祁连-北秦岭区,以南划分为南秦岭-大别区。为了描述地层方便,本书采用了这种构造划分方法。

祁连-北秦岭区又以临夏-商南俯冲断裂带(图1-1中的①号断裂)为界,划分为祁连褶皱区(图1-1中的I_1和I_2)和北秦岭褶皱区(图1-1中的II_{1-1})。

南秦岭-大别区在甘肃东南部地区又划分为中秦岭分区(图1-1中的II_{1-2})和南秦岭分区(II_{2-1}和II_{2-2}),其界限是临潭-凤县断裂带(图1-1中的⑥号断裂带);南秦岭分区又以光盖山-成县断裂带(图1-1中的⑦号断裂带)为界划分为南秦岭的北亚带(II_{2-1})和南亚带(II_{2-2})。这种构造划分方法,将西秦岭划分成"北-中-南"带,通常被称为"西秦岭三分法"。

2.西秦岭大地构造二分法

有些学者以临潭-凤县断裂(图1-1中的⑥号断裂带)为界,将西秦岭地区划分为"西秦岭北带"和"西秦岭南带",北带和南带又分别划分为"北亚带"和"南亚带",如图1-1所示,这种划分方法,称为西秦岭"二分法",这种划分方法应用也很广泛。

在图 1-1 中,在南秦岭以南,即扬子板块与滇青藏古海洋板块之间还镶嵌着一个特殊的地块,称之为"碧口古陆"(以文县碧口镇为中心,因此得名);据 1944 年叶连俊、关士聪等人的研究,碧口古陆形成于震旦纪,比滇青藏古海洋板块时代要老得多。碧口古陆对西秦岭地区的成矿作用有重要影响,其研究意义不容忽视,如碧口古陆边界上的超大型金矿——阳山金矿。

二、西秦岭地区地层

1. 祁连-北秦岭区地层

祁连-北秦岭地区的地层见表 1-1。

表 1-1 祁连—北秦岭地区地层表

界	系	统	地层代号	祁连-北秦岭区	
				北秦岭分区	
新生界	第四系		Q	松散堆积物、亚黏土、亚砂土、古土壤层	
	新近系		N	含砾砂岩、粉砂岩夹泥岩及钙质结核	
	古近系		E	砂砾岩、粗砂岩夹粉砂岩	
				小河子组(Ex):酸性火山熔岩、熔结角砾岩	
中生界	白垩系	上统	K	紫红色砾岩、砂砾岩、灰白色、灰绿色、浅黄色泥岩夹粉砂岩,砂岩夹粉砂质页岩,粉砂岩	
		下统			
	侏罗系	上统	J_3	缺失	
		中统下统	J_{1-2}	砾岩、砂岩夹含炭粉砂岩、页岩及煤线、局部中酸性火山碎屑岩	
	三叠系	中统	T_2	—不整合—	
				群子河组(T_2q)	上部角砾状灰岩、灰岩夹砂质页岩
					下部钙质细砂岩、长石石英砂岩夹灰岩
		下统	T_3	缺失	

续表 1-1

界	系	统	地层代号	祁连-北秦岭区			
				北秦岭分区			
上古生界	二叠系	上统	P_2	石夫群 (P_2sh)	上部角砾状灰岩　塌积角砾岩			
					下部碳质生物灰岩、含菱铁矿灰岩夹砂页岩、粉砂质页岩和细砂岩			
		下统	P_1	大夫山群(P_1d)	上部灰岩夹泥质灰岩及页岩			
					下部泥质灰岩夹页岩、鲕状灰岩			
	石炭系	上统	C_3	缺失			
		中统	C_2				
		下统	C_1				
	泥盆系	上统	D_3	大草滩群(D_3d)	紫红色、灰绿色砂砾岩,含砾砂岩、砂岩、粉砂岩夹紫红色页岩			
		中统	D_2					
		下统	D_1					
下古生界	志留系	上统	S_3	缺失			
		中统	S_2				
		下统	S_1				
	震旦-奥陶系		O-Z	陈家沟群	上岩组(O_3ch^b)	酸性火山岩组	李子园群	上岩组(Z-O)l^c	变碎屑岩岩组
					下岩组(O_3ch^a)	碎屑岩组		中岩组(Z-O)l^b	变中酸性火山岩组
				葫芦河群	上岩组((Z-O_2)h^b)	变质基性火山岩组		下岩组(Z-O)l^a	变基性火山岩组
					下岩组((Z-O_2)h^a)	变碎屑岩组			
新元古界	青白口系		Qb	缺失			
中元古界	蓟县系		Jx	陇山群(Pt_2l)	硅镁质大理岩组合、富铝片麻岩组合、钙硅酸盐岩组合、长英质片麻岩组合、黑云角闪斜长片麻岩组合			
	长城系		Ch					
下元古界	滹沱系		Ht	秦岭群(Pt_1q)	含石墨大理岩组合、钙硅酸盐岩组合、富铝片麻岩组合、长英质片麻岩组合			
	五台系		Wt					

由表 1-1 可见,本地区地层特点有:①缺失的青白口系,反映出本区在 8 亿～10 亿年前处于上升剥蚀阶段,这是在新元古代时期的晋宁构造运动造成的结果。②在志留纪-石炭纪时期,只有晚泥盆世处于海槽阶段,接受沉积,形成大草滩群地层(主要位于武山-漳县-临潭一带),其余阶段处于中国古陆的剥蚀阶段。③在二叠纪时期,本区处于拉张裂陷阶段,形成海槽,在浅海环境下形成大量碳酸盐岩,主要出露于漳县以西地段。④海西期末的造山运动使该区局部上升剥蚀,缺失三叠系下统岩层,中三叠世以后,本区处于反复的沉降-上升过程,在印支构造阶段和

燕山构造阶段,本区受到华北板块和扬子板块碰撞,造山成陆,并伴随大规模岩浆侵入活动,使本区彻底脱离海面,在侏罗纪和白垩纪时期形成大量河湖(陆相)沉积。⑤在喜马拉雅造山期,由印度洋板块向北快速挤压碰撞,滇青藏古海洋板块快速崛起,由南向北挤压,造成秦岭山脉南坡较缓,北坡陡峻的壮观景象。

在天水附近的渭河峡口、罗家沟、温家峡西段等地,可见少量下元古界秦岭群(Pt_1q)的"含石墨大理岩、长英质片麻岩组合"等;在花洋峪、贾家河等地可见中元古界陇山区(Pt_2l)硅镁质大理岩组合、黑云斜长片麻岩组合和混合花岗岩等;在秦安县葫芦河峡谷和天水市东南的滩子头等地,常见葫芦河群($(Z-O_2)h$)变质火山岩组合、变质碎屑岩组合等;在天水市李子园乡附近,常见与葫芦河群同时期的李子园群变质中酸性火山岩组合等。这些地层都是天水附近的古老基底,其上往往被白垩系泥岩、砂砾岩和古近系、新近系砂砾岩覆盖。新老地层之间呈角度不整合接触关系。

2. 大别-南秦岭区地层

大别-南秦岭区地层见表1-2。

表1-2 大别-南秦岭地区地层表

界	系	统	地层代号	大别-南秦岭区	
				中秦岭分区	南秦岭分区
新生界	第四系		Q	松散堆积物、亚黏土、亚砂土、古土壤层	松散堆积物、亚黏土、亚砂土、古土壤层
	新近系		N	含砾砂岩、粉砂岩夹泥岩及灰质结核	缺失
	古近系		E	缺失	砂砾岩、粗砂岩夹粉砂岩
					缺失
中生界	白垩系	上统	K	紫红色砾岩、砂砾岩、砂岩夹粉砂质页岩、粉砂岩	紫红色砾岩、砂砾岩、砂岩夹粉砂质页岩、粉砂岩
		下统			
	侏罗系	上统	J_3	缺失	
		中统下统	J_{1-2}	砾岩、砂岩夹含炭粉砂岩、页岩及煤线	砂岩夹炭质页岩、泥质页岩及煤层
				—不整合—	—不整合—
	三叠系	中统	T_2	缺失	贾河组(T_2j): 安山岩、辉石安山岩、安山角砾岩、凝灰岩
					下马龙组(T_2x): 钙质板岩、泥灰岩、粉砂质灰岩、粉砂岩
					大河坝组(T_2d): 石英砂岩、石英杂砂岩夹板岩及少量灰岩
					滑石关组(T_2h): 灰岩、砾状灰岩夹板岩及页岩
					郭家山组(T_2g): 生物灰岩、灰岩夹页岩及砂岩
		下统	T_1		仇家山组(T_1q): 白云岩、白云质灰岩及岩熔角砾岩

续表 1-2

界	系	统	地层代号	大别-南秦岭区			
				中秦岭分区			南秦岭分区	
上古生界	二叠系	上统	P_2	木寨岭组	上岩组 (Pm^b)	生物灰岩、生物臭灰岩(局部含燧石结核)砂质灰岩、铁染生物灰岩	长头组 (P_2ch)	灰岩、硅质条带灰岩
							龙潭组 (P_2l)	长石石英砂岩夹含炭粉砂质页岩
		下统	P_1		下岩组 (Pm^a)	含炭硅质岩、板岩、石英砂岩砾岩、砂质灰岩	茅口组 (P_1m)	上部灰岩、硅质条带灰岩
								下部砂岩、含炭千枚岩、板岩夹灰岩
	石炭系	上统	C_3	缺失			尕海组(Cg)：灰岩、生物灰岩	左例四组间很难依岩性确定其归属何组，无客观认识标志、前人依生物建立和命名
		中统	C_2	铁厂铺组(C_2t)：炭质粉砂岩、石英砂岩夹粉砂质板岩、灰岩、砾岩			岷河(Cm)：灰岩、生物灰岩	
				月亮寨组($C_{1-2}yt$)：板岩、粉砂岩与粉砂质板岩互层夹含铁白云质灰岩、生物灰岩及硅质岩			略阳组(Cl)：灰岩、生物灰岩	
		下统	C_1	界河街组(C_1j)：生物及泥鲕灰岩夹板岩或与板岩互层			益哇沟组(Cy)：灰岩、生物灰岩	
	泥盆系	上统	D_3	舒家坝群	上岩组 ($D_{2-3}sh^b$)：石英砂岩、粉砂岩、偶夹绢云母板岩	仁戈沟组 (D_3r)：钙质石英砂岩夹生物灰岩	铁山群(D_3t)：粉晶灰岩、鲕状灰岩	
						大山梁组 (D_3d)：灰岩、生物灰岩		
						七固组 (D_3q)：灰岩夹砂质板岩		
						龙鳞桥组 (D_3l)：板岩、灰岩夹石英砂岩	蒲菜组($D_{2-3}p$)：板岩夹泥灰岩、细晶灰岩偶夹钙质砂岩	
		中统	D_2		下岩组 ($D_{2-3}sh^a$)：石英砂岩、杂砂岩、粉砂质板岩、绢云母板岩	西汉水群 Dx — 诸葛寺组 (D_2zh)：砂岩夹灰岩	
						母家坝组 (D_2m)：绿色板岩、沉火山凝灰岩	下吾那组(D_1x)：细晶灰岩、含炭泥质灰岩夹板岩	
						鱼池坝组 (D_2y)：灰岩与砂岩韵律层		
		下统	D_1	缺失		魏家店组 (D_1wj)：板岩与砂岩互层	缺失	
						王家坝组 (D_1w)：长石石英砂岩、杂砂岩夹板岩		

续表 1-2

界	系	统	地层代号	大别-南秦岭区	
				中秦岭分区	南秦岭分区
下古生界	志留系	上统	S_3	吴家山岩群(S_3w)：大理岩、石英片岩、含炭板岩夹硅质板岩	白龙江群(S_3b)：上部生物灰岩夹板岩、下部石英砂岩、板岩、生物灰岩互层或韵律
		中统	S_2	缺失	舟曲群(S_2zh)：石英细砂岩、粉砂岩、粉砂质板岩夹透镜状生物灰岩
		下统	S_1		迭部群(S_1d)：含炭、含硅板岩夹粉砂岩
	奥陶系		O	孟家沟群(Om)：黑云母石英片岩、变粉砂岩、变长石石英砂岩、条带状大理岩	未出露

由表 1-2 可见，与祁连-北秦岭地区相比，中秦岭和南秦岭分区有以下 2 个特点：①侏罗系及其以后的地层差别不大，这是中生代以后，这一地区处于相同的环境下，接受陆相河湖沉积的结果。②志留系-石炭系地层仅在中秦岭缺失上石炭统地层，而祁连-北秦岭仅出露泥盆系上统地层，可见，这两套地层的形成环境差别很大。这是秦岭海槽在长期动荡环境下接受沉积的结果。③中秦岭-南秦岭最古老的地层是奥陶系孟家沟群，仅分布于礼县与岷县交界地段的中川复式花岗岩体以西地段，并且沉积的是一套高压变质岩系。也就是说，中秦岭-南秦岭未出露新元古界和中元古界地层，地层时代总体比祁连-北秦岭新。这就证实了秦岭的确是由南向北挤压推覆形成的山脉，即新地层被整体推挤到老地层之上，而中间缺乏很多下元古界地层，在北秦岭地层之间往往容易形成角度不整合接触关系。

3.西秦岭地区主要地层简述

这里将西秦岭地区出露面积较大的、对金属矿产成矿作用影响大的地层进行简要介绍。

由于西秦岭地区面积很大，这里所述的每一种地层都是地方地层单位的最大单位，大部分是"群"，有些只是"岩性建造"(即岩石大类)，到具体的某地点时，其岩性描述是有差别的。所以，后面"天水地区地层"的描述，就是这些大类的具体化，这一点必须说明。

1)前寒武系

中华人民共和国成立前后，甘肃东南部渭河以北地区的一套古老变质岩被命名为"牛头河群"，时代被确定为"前寒武"，具体位置位于图 1-1 的北部，即定西-陇西-天水以北区(包括秸河流域上游)地区。这套地层经区域动力热流变质作用及岩浆侵入活动，局部产生混合岩化，形成片麻岩、大理岩夹变粒岩、片岩等一套低角闪岩相的变质岩系，组成向南倾的单斜，属于海相沉积的碎屑岩建造，其中夹碳酸盐岩、火山岩，厚度达 4 200 m 以上。

20 世纪 80 年代以后，经学者研究，该套地层被解体，沿通渭-秦安-清水-党川-利桥一线划分为 2 个岩相。南部划为下元古界秦岭群(Pt_1q),北部划为陇山群(Pt_2l)。

该套地层中含有一些小型铁矿点,如清水县与天水市麦积区交界的别川河,含有砂卡岩型铁矿点,具有一定的开采价值,其余铁矿点不具开采价值。该套地层在天水市李子园附近产有李子园金矿和柴家庄金矿,在夏家坪地段还产有水洞沟、寺合等金矿。

2)碧口群(部分属前寒武系)

碧口群首先由叶连俊、关士聪创立于 1944 年,原称碧口系,主要分布于陕甘川交界的摩天岭地区(图 1-1),呈楔形镶嵌于扬子板块、秦岭褶皱带和滇青藏古海洋板块(亦称松潘-甘孜褶皱带)。时代被定为震旦-志留纪。其特殊的位置,使众多的地质工作者对其时代争论不休。但趋向于定为震旦系。后经中国地球科学院西安地质矿产研究所秦克令等人研究,将碧口群解体为 3 部分:下伏基底为新太古界鱼洞子群(陕西略阳地名)、中元古界碧口群(狭义)和上覆震旦系-下寒武纪。

如图 1-1 所示,在碧口群北部边界附近(文县),产有超大型阳山金矿和石鸡坝金矿床;在碧口群北部边界和南部边界的陕甘交界地段,还产有铧厂沟、尚家沟、煎茶岭、丁家林、太阳坪金矿床。

3)早古生代-志留系

早古生代-志留系主要分布于迭部-舟曲-武都-康县以北地区,为一套海相细碎屑岩夹少量硅质岩及火山沉积岩。主要岩性有灰岩、硅灰岩、粉砂质千枚岩、变质砂岩等,如迭部群(S_1d):含碳板岩、硅质板岩夹粉砂岩,舟曲群(S_2zh):石英细砂岩、粉砂岩、粉砂质板岩夹透镜状生物灰岩,白龙江群(S_3b):上部生物灰岩夹板岩、下部石英砂岩、板岩、生物灰岩互层。

在川甘交界地区的迭部县-四川若尔盖,产有多个铀矿床,被称为"迭部铀矿田"或"若尔盖铀矿田",矿田大部分受"舟曲群"硅灰岩透镜体控制,属于沉积-热液改造-淋滤作用形成的矿床,如迭部县刁德卡铀矿床[18]。

4)晚古生界

(1)泥盆系,分布广泛,主要分布地区有三片:第一片,西到武山-宕昌,北止渭河,东止甘肃省界,南到宕昌-成县;第二片,玛曲-迭部狭长地带;第三片,文县-康县北东向带状区域。下统主要岩性:纹层状长石石英砂岩、粉砂岩、泥质粉砂岩、含铁细砂岩、炭质页岩等。中统主要岩性:①南带:千枚岩夹生物微晶灰岩、钙质砂岩、粉砂质板岩、钙质板岩、硅质微晶灰岩和疙瘩状灰岩;②北带:深灰色和浅灰色千枚岩、千枚状粉砂质板岩、泥质粉砂质斑点板岩(是金成矿的有利岩性)、长石石英砂岩等。上统主要岩性:属海陆交互相的粗陆屑山前堆积,灰岩透镜体、碳酸盐岩等。1996 年,李健中、高兆奎、孙省利等学者将李坝金矿床附近原称"中泥盆统舒家坝群"解体,重新划分命名为"李坝群",李坝金矿田由王河(李坝本部)、赵沟、三人沟、炭窑沟等金矿床组成。在西和县东南部-成县北部,该套地层还产有"西成铅锌矿田",矿田范围内与"舒家坝群"同质异象的"西汉水群"又划分为魏家店组(D_1wj):板岩与砂岩互层,王家坝组(D_1w):长石石英砂岩、杂砂岩夹板岩,诸葛寺组(D_2zh);砂岩夹灰岩,母家坝组(D_2m);绿色板岩、沉火山凝灰岩,鱼池坝组(D_2y);灰岩与砂岩韵律层,仁戈沟组(D_3r);钙质石英砂岩夹生物灰岩,大山梁组(D_3d);灰岩、生物灰岩,七固组(D_3q);灰岩夹砂质板岩,龙鳞桥组(D_3l):板岩、灰岩夹石英砂岩。1993年,祁思敬等人又将原"西汉水群"解体为"西汉水组"和"安家岔组",其中安家岔组进一步细分为厂坝层(D_2a^1)和焦沟层(D_2a^2)。厂坝层为一套碳酸盐岩,岩性可分为结晶灰岩、生物结晶灰岩、炭质结晶灰岩及角砾状、碎裂状结晶灰岩等;焦沟层为一套滨海-浅海相的碎屑岩,岩性较为复杂,上部为条带状泥质灰岩层(D_2a^{2-2}),下部为千枚岩层(D_2a^{2-1}),千枚岩层可分为碳质千枚岩,绢云母方解千枚岩和绿泥石千枚岩,三种岩性。这些都是本区域内研究的最新成果。

(2)石炭系,分布不太广泛,主要分布于礼县东南地区和合作-临潭-岷县以北呈近东西向展布的狭长区域。下中统地层:浅灰至深灰色板岩、灰绿色板岩、炭质板岩和含碳板岩、硅质板岩、钙泥质板岩(礼县马泉金矿十号矿带见细线贝类化石)及灰岩透镜体、粉砂质板岩、粉砂岩、变质砂岩、中细粒石英砂岩夹棕灰色至紫红色板岩,据姜啟明2000年研究,本套地层含有"细线贝"类古生物化石。上统地层少见,主要是黑色碎屑岩,炭质板岩、硅质板岩等。石炭系地层中含有马泉、金山、崖湾(局部)金矿床。在中川岩体东外接触带还产有中川(7901)和范家坝(7903)小型淋滤型铀矿。

(3)二叠系,主要分布于武山县和岷县以西地带石炭系地层南侧。主要岩性:陆盆浅海碳酸盐岩沉积(灰岩、板岩、钙质板岩等)。该套地层含有寨上超大型金矿。

5)中生界

(1)三叠系,东到陕西、西到青海,沿成县-西倾山呈东窄西宽分布。岩相为浅海-海陆交互相沉积及碳酸盐岩(长石石英砂岩、角砾状灰岩、粉砂岩、细砂岩等)。该套地层在岷县西南部产有鹿儿坝金矿,在西和县南部产有大桥超大型金矿。

(2)侏罗系,出露范围较小(宕昌、岷县等地),主要为内陆河湖池沼相的含煤建造。岩层包含砾岩、砂岩、页岩、黏土等。

(3)白垩系,分布于岷县、宕昌(好梯子)、秦安、天水等地,以内陆河湖相及山麓堆积相为主,在天水附近有极少量海槽或滨海相沉积的碳酸盐岩。下统地层主要是紫红色、砖红色、灰绿色、浅灰色、浅黄色泥岩和粉砂岩,少量钙质粉砂岩、钙质泥岩、钙质砂岩及薄层鲕状灰岩等;上统地层主要是:杂色砾岩、含砾砂岩、泥岩、粗砂岩、砂砾岩等,这些岩性一般成熟度较低,胶结物少,疏松、易于崩塌。

6)新生界

(1)古近系和新近系,分布于岷县、宕昌、武山、天水、礼县等地,主要为内陆河湖细碎屑岩。局部含有古砂金(成县红川镇北、宕昌县好梯子乡北),但不具规模,仅为异常。岩性为:紫红色砂砾岩、杂色砂砾岩、砾岩、砂岩等。

(2)第四系,广泛分布于天水、秦安、清水等地。主要是黄土、红土(含钙结核)、河床现代沉积物等。其中局部现代河床沉积物中含有砂金矿,如礼县田家河一楼底的燕子河地段为小型砂金矿,该砂金矿已于2000—2003年被全部开采。

4.西秦岭地区成岩和成金矿时代的最新证据

本地区成岩和成矿的最新证据来源于"甘肃省礼县中川地区金成矿规律研究"项目,该项目来源于甘肃省国土资源厅,2009年设立,2012年结题,由甘肃工业职业技术学院与甘肃省核地质局共同完成。项目对西秦岭地区金矿的成岩时代和成矿时代进行了系统的研究,研究区的地质概况见图1-2。

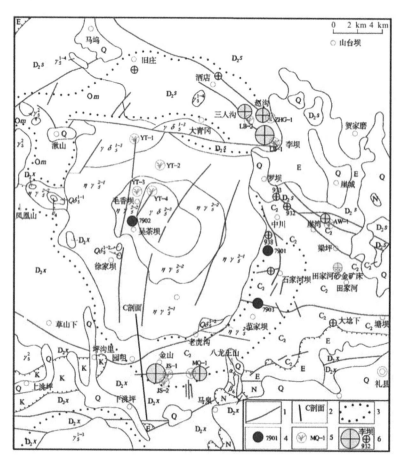

Q—第四系坡积物,黄土等;N—新近系粗砂岩等;E—古近系紫红色砂砾岩等;K—白垩系杂色砂岩等;C_2—中石炭统粉砂质板岩等;D_2s—中泥盆统舒家坝组斑点板岩等;D_2x—中泥盆统西汉水群绿泥石板岩等;Om—奥陶系孟家沟群黑云母石英片岩、条带状大理岩等;β_6—喜山期橄辉玄武岩;α_6—喜山期安山质熔岩及火山角砾岩等;$\gamma\delta_5^{2-3}$—燕山早期第三阶段中粒花岗闪长岩;$\eta\gamma_5^{2-2}$—燕山早期第二阶段中细粒黑云母花岗岩;$\eta\gamma_5^{2-1}$—燕山早期第一阶段中粗粒似斑状二长花岗岩;$\gamma\delta_5^{1-3}$—印支期第三阶段中粗粒花岗闪长岩;$\gamma\delta_5^{1-2}$—印支期第二阶段中粒黑云母花岗闪长岩;$Q\delta_5^{1-1}$—印支期第一阶段黑云母石英闪长岩;υ_4—海西期辉长岩;1—大断裂;2—剖面及编号;3—变质蚀变带范围;4—铀矿床及编号;5—同位素年龄样位置及编号;6—金矿床、矿点及编号。

图1-2 甘肃省礼县中川地区金矿地质图[1]

该项目不仅对礼县中川花岗岩体和金矿的成矿时代进行了精确的测定,还对金矿围岩的形成时代开展了系统测定。

1)SHRIMP 测试概况和基本原理

SHRIMP 的全称是"高分辨率二次离子探针质谱仪",这是近几年刚刚兴起的测试方法。测年方法采用 U-Th-Pb 法,即应用 U-235、U-238、Th-232 及其最终产物 Pb 的同位素比值,测定单颗粒锆石的形成年龄。锆石是一般岩石的常见矿物,含有丰富的 U 和 Th,在每次地质体的热事件中都能产生锆石或其增生边。此方法使用的仪器是澳大利亚生产的 SHRIMP Ⅱ 仪器,测试单位是中国地质科学院北京离子探针中心。

这次测试工作一共测试锆石点数 208 点(包括 72 个标样点);测试样品点数共 136 点,其中有效点数 116 点,测试锆石 126 颗;每个测点能同时得到 4 个年龄值,分别是 $^{206}Pb/^{238}U$ 年龄、$^{207}Pb/^{206}Pb$ 年龄、$^{207}Pb/^{235}U$ 年龄、$^{208}Pb/^{232}Th$ 年龄,仪器输出年龄数值前首先根据仪器工作状态进行必要的校正,再打印这 4 个年龄。若这 4 个年龄值很接近,则其平均值称为"和谐年龄"或"一致年龄";若 4 个数据不一致(常见于铅的丢失或异常铅的加入),则通常视仪器的工作状态,决定是否舍弃该数据。若决定采用该数据,则往往采用 $^{206}Pb/^{238}U$ 年龄或 $^{207}Pb/^{206}Pb$ 年龄来代表,故测试后的数据才会有"有效点"之说。

锆石样品需要通过制靶、透射照相(观察锆石内部是否有裂纹)、反射照相(观察锆石表面是否粗糙)、阴极发光照相(观察锆石内部的环带结构,判断锆石来源),然后才能安排测试。

2)同位素年龄样品的取样、加工和测试

金矿体定年样品尽量选择金属硫化物细脉发育的原生矿体,不选择含石英脉的地段,样品重量都在 30 kg 以上。侵入岩取样时,尽量剥去岩石表面的风化产物,避开热液脉体,远离捕虏体,找硬度大、没有裂隙、没有经过热扰动的新鲜岩石样品,样品重量都在 10 kg 以上。

同位素年龄样品取回以后先要进行岩矿鉴定,详细命名。根据双目镜下锆石的粒度大小确定将样品碎到 60 目(约 0.3 mm 粒径),通过重液、精淘分离和电磁分离选出重矿物,在双目镜下挑选锆石。将纯度大于 98% 的锆石送至中国地质科学院北京离子探针中心进行制靶、透射光和反射光照相、阴极发光照相(CL)等操作,最后上机测试。

3)取样地点及其代表性

由图 1-2 可见,在中川花岗岩体主要活动期次和 4 个金矿床都采集同位素年龄样品。金矿床定年样品按照矿床的规模分配为李坝 3 件(其中王河、赵沟、三人沟各 1 件),金山 2 件,马泉 1 件,崖湾 1 件。按照岩性分配为中川花岗岩体 4 件,中泥盆统李坝组地层 5 件,中石炭统地层 2 件。可见,样品具有较强的代表性,较好反映研究区的岩性时代。2010 年共测试 11 件样品,测了 126 颗锆石样品。测试标样点数占总点数的 34.62%,从而保证了测试的精度。

4)成岩样品的测试结果

运用高分辨率和高灵敏度的离子探针(SHRIMP)测试方法,测试U-Th-Pb同位素年龄,这是目前同位素年龄测试的最先进的技术。测试结果见表1-3。

表1-3 礼县中川地区碎屑锆石同位素年龄统计结果表

时代	石炭纪(299~359 Ma)		泥盆纪(359~416 Ma)		志留纪(416~444 Ma)		奥陶纪(444~488 Ma)	
样号	点数	区间/Ma	点数	区间/Ma	点数	区间/Ma	点数	区间/Ma
LB-1	—	—	—	—	—	—	—	—
LB-2	—	—	—	—	3	420~442	1	454
ZHG-1	—	—	1	415	—	—	—	—
JS-1	1	348	3	389~414	1	419	1	452
JS-2	1	352	1	383	1	420	1	473
MQ-1	—	—	2	363~378	—	—	—	—
AW-1	—	—	—	—	—	—	1	475
合计点数	2		7		5		4	
相对比例	3.39%		11.86%		8.47%		6.78%	

时代	寒武纪(488~542 Ma)		新元古代(542~1 000 Ma)		中元古代(1 000~1 600 Ma)		古元古代(1 600~2 500 Ma)	
样号	点数	区间/Ma	点数	区间/Ma	点数	区间/Ma	点数	数据/Ma
LB-1	3	498~505	8	814~929	1	1 040	2	1 821~2 327
LB-2	—	—	1	838	1	1 066	2	1 993~2 293
ZHG-1	—	—	2	790~836	—	—	1	1 807
JS-1	—	—	3	680~875	2	1 104~1 199	—	—
JS-2	—	—	4	727~939	—	—	2	2 252~2 397
MQ-1	—	—	6	684~741	—	—	—	—
AW-1	1	498	1	965	1	1 031	—	—
合计点数	4	—	25	—	5	—	7	—
相对比例	6.78%	—	42.37%	—	8.47%	—	11.86%	—

注:1. LB—李坝金矿,ZHG—赵沟金矿,JS—金山金矿,MQ—马泉金矿,AW—崖湾金矿;
2. 金山、马泉、崖湾金矿的样品位于中石炭统地层中,李坝、赵沟金矿位于中泥盆统地层中。

由表1-3可见,在金山金矿有2颗锆石是石炭纪成岩期形成的锆石,占成岩期碎屑锆石总数的3.39%,其形成年龄分别是348 Ma和352 Ma,这是早石炭世形成的锆石,应该来源于界河街组(C_1j)地层;而赵沟、金山、马泉金矿都含有泥盆纪形成的锆石,并且泥盆纪锆石占锆石总量的11.86%,其年龄值大部分在378~414 Ma之间,属于早泥盆世锆石,只有一粒锆石年龄是363 Ma,属于晚泥盆世锆石,这些锆石应该来源于金山-马泉金矿南部(图1-2)的西汉水群(Dx)魏家店组(D_1wj)和王家坝组(D_1w);李坝和金山金矿都有志留系地层的锆石,占比8.47%,年龄数值是419~442 Ma,属于早志留世产物,分析其来源应该是据此约120 km的南秦岭迭部群(S_1d)(图1-1);李坝、金山、崖湾金矿发现4粒奥陶纪形成的锆石,其年龄值是452~475 Ma,应属中-早奥陶世产物,来源于柏家庄岩体与中川岩体之间的奥陶系孟家沟群(Om),也可能来自80 km外的李子园群((Z-O)l);李坝金矿和崖湾金矿有4粒锆石属于晚寒武世锆石,年龄为498~505 Ma,数据较集中,应该来自北秦岭分区的李子园群((Z-O)l)或80 km外的葫芦河群(($Z-O_2$)h)地层,但锆石所占比例较小(6.78%);6个金矿床都发现元古代锆石,占比高达到62.7%,最老的锆石年龄达到2 397 Ma,也就是距今24亿年前形成的锆石,大约是地球形成年龄的一半,属于古元古代形成的锆石;元古代锆石中新元古代锆石居多,中-古元古代锆石较少,这些锆石应该来源于北秦岭分区的葫芦河群(($Z-O_2$)h)、陇山群(Pt_2l)或秦岭群(Pt_1q),锆石来源于研究区东部100 km以上。由于碎屑岩中的锆石具有继承性,碎屑物锆石占比能反映出中秦岭区碎屑物的来源比例。可见,中秦岭地区在晚古生代的泥盆纪,以动荡环境下的海槽沉积为主,形成滨海沉积物;其中的Au矿质,也就是在这个时期得到初始富集。

SHRIMP测试结果表明:中川花岗岩体外接触带中金矿的形成年龄为162~197 Ma,平均为176 Ma。成矿时代与中川岩体侵入同时或稍晚。

三、西秦岭地区构造

1. 褶皱构造

1)Ⅰ级褶皱

西秦岭地区最大的Ⅰ级褶皱有白龙江复背斜和石家河坝复向斜。

白龙江复背斜位于西秦岭南带内,贯通西秦岭南带;该复背斜轴向与武都弧同向(如图1-1所示),武都以西为北西向,以东为北东向;白龙江复式背斜西起甘-青交界的西倾山,经迭山沿白龙江两岸,向东到陕甘交界处,由于大部分地段在"白龙江"两岸,故称"白龙江"复背斜。

白龙江复背斜属于一级巨型构造,其西段南翼产有"迭部铀矿田"和大水、拉日玛、邛莫金矿,中段北翼产有甘寨和鹿儿坝金矿,中段核部附近产有坪定金矿。该巨型构造中的金矿和铀矿存在"同带异位"现象。这是由于金元素属于"亲硫元素",常与硫化物共生,其化学性质稳定,不易与其他元素发生化学反应;而铀元素属于"亲石元素",在酸性岩浆岩中常见,其化学性质活泼,金属活动性与铁相似,易于与酸根化合。它们可以在相同的构造带内存在,但极少共生。

石家河坝复式向斜位于西秦岭中带,白龙江复背斜北侧,轴向近东西;该复向斜西起岷县,经礼县石家河坝时两翼宽阔膨大,向东收窄于陕甘交界。

如图 1-1 所示,石家河坝复式向斜西段控制了德乌鲁、阿夷山、平山等 3 个铜矿床,中段控制了礼县"李坝金矿田",东段南翼还控制了安家岔金矿、大桥金矿和"西成铅锌矿田",东段陕甘交界处控制了冯家场、水洞沟金矿(甘肃)和庞家河、八卦庙金矿(陕西)等。

2) Ⅱ级及以下褶皱

Ⅱ级褶皱有光盖山背斜(白龙江背斜西段北翼)和吴家山背斜(白龙江背斜东,成县境内)。Ⅲ级褶皱有多条,如石家河坝复向斜南翼的范家坝-焦坝-礼县西山向斜、八龙王山背斜、石家河坝复向斜北翼的马坞-酒店-李坝-崖城背斜。Ⅳ级褶皱更多,如马泉金矿床内的金山-乱石山-沟门下背斜等。Ⅴ级以下小背斜及褶曲更是多如牛毛,不计其数。这些反映了本区构造活动非常复杂、剧烈,是成矿的有利地段。

2. 断裂构造

一级巨型断裂构造是区内构造分区的依据,一般由多条相互平行、首尾相接的密集断裂带组成,如图 1-1 中的①、②、③、⑤、⑥、⑦、⑧号断裂带。

从区域上讲,这些巨型断裂带属于控矿因素之一,一级、二级和三级断裂带一般不含矿。例如,李坝金矿的 F_1 断裂带,它属于二级断裂(④号断裂带)向北西的分支断裂(三级断裂)。据研究,F_1 断裂带是李坝金矿的"导矿"构造(即热液流过的通道),而它的更次级断裂带(四级)才含有金矿体。马泉金矿也有类似的情况,在礼县-上洮坪三级大断裂中无矿,在四级以下的断裂带中含矿。

一级断裂带的深度一般超过基底,有的甚至超过地壳,到达上地幔,造成地热上升,所以地热资源的出露是深大断裂出现的依据,如①号和②号断裂带,在甘肃境内有武山温泉和天水街子温泉,在陕西境内有眉县的汤峪温泉和临潼的"华清池"。温泉的水温,能反映出断裂的深度,如眉县的汤浴温泉,水温可达 70 ℃,反映出该地断层深度极大,这里在秦岭的主峰太白山(海拔 3 767 m)下,也有明显"高山陡坡"向平原急速转化的地貌,符合"山前断裂"特征。

图 1-1 中,近南北向的武都-天水断裂是使用物探方法(区域重力、磁法等遥感手段)发现的深达基底的大断裂,也属于一级断裂。

图 1-1 中的④、⑨、⑩号断裂属于二级断裂,它们也是构造分区的依据之一,如⑨号和⑩号断裂是区分"碧口地体"的依据,而且含有多个金矿床,特别是阳山超大型金矿;④号断层在学界简称"高(桥)-罗(坝)"断裂,是礼县-徽县金矿和铀矿的重要控矿断裂。

Ⅲ级断裂条数较多,如礼县-宕昌断裂、马坞-酒店-李坝断裂及其向西的分支断裂等。Ⅳ级断裂更多,如金山、马泉、崖湾等矿床的主要控矿断裂。Ⅴ级以上断裂,是本区金矿、铀矿的含矿断裂,如中川花岗杂岩体中的近南北向断裂,其中多条断裂中含有铀矿体或矿化体。

学习任务三　西秦岭地区主要岩浆岩

任务描述

(1)了解西秦岭地区东部、中部和西部的主要岩浆岩及其岩性。
(2)了解西秦岭地区喷出岩所形成的两个"蛇纹玉"矿床。
(3)了解西秦岭地区酸性侵入岩的主要形成时代和与之有关的矿产。

甘肃东南部的岩浆岩以花岗岩为主,含有少量面积不大的喷出岩,现分为3个区块进行描述。

一、通渭-葡萄园-成县北区

1.天水市麦积区东部的花岗岩体群

本地区花岗岩群是指天水市麦积区葡萄园-利桥-陕甘交界处的党川岩体、火炎山岩体、秦岭大堡岩体和百花岩体[6]等,其中百花岩体的一部分在陕西省境内(图1-1陕甘交界处最大的一块红色区域)。岩体群总面积超过1 870 km²,四个岩体之间是下元古界秦岭群(Pt_1q)、震旦-中奥陶统葫芦河群($(Z-O_2)h$)、上奥陶统陈家沟组(O_3ch)等老地层的残留体,岩体局部地段被白垩系、第四系等覆盖。该岩体是甘肃省东部最大的花岗岩体群,造成巨大的"崇山峻岭",也是阻碍陕甘交通的最大障碍。

党川岩体位于天水市麦积区东南部燕子关-党川-黄家坪以西地段,岩体南北长约13 km,东西宽约10 km,面积约130 km²,以加里东期第三次侵入的二长花岗岩($\eta\gamma_3^3$)为主,侵入下元古界秦岭群(Pt_1q)和震旦-中奥陶统葫芦河群($(Z-O_2)h$)地层,岩体内还保留部分老地层的残留体,局部地段被白垩系地层覆盖。

火炎山岩体(亦称五山子岩体)位于麦积区葡萄园-阴崖村一带,主峰火炎山海拔2 559 m,岩体面积316 km²。以海西期第一阶段侵入的正长花岗岩($\xi\gamma_4^1$)为主体,局部是二长花岗岩($\eta\gamma_4^1$),残留部分为加里东期闪长岩岩体(δ_3^3)和时代不明的花岗岩(γ)及正常岩(ξ)。该岩体大部分地段被白垩系紫红色、杂色、灰绿色、灰黄色砂砾岩覆盖。侵入地层是震旦-中奥陶统葫芦河群（(Z-O₂)h）和上奥陶统陈家沟组（O₃ch）。党川岩体形态复杂，侵入期次多，其西部岩枝伸展到伯阳乡杨家山附近，在地质实习中发现，个别地段侵入白垩系紫红色砂砾岩和粉砂岩中，证明该岩体在燕山晚期也有活动。在辽家河坝附近，岩体外接触带产有7615和7616铀矿点，该地段还有一个1∶20万的金矿水系沉积物异常区，面积为6～7 km²，其前景尚待进一步的查证。

火炎山岩体西部边界辽家河坝以东，由于花岗岩与其他岩石的差异风化而形成的怪石林立，是上佳的旅游资源，这里是天水的著名旅游景点——石门旅游区。

秦岭大堡岩体，位于麦积区凤阁岭-新民农场一带，主峰秦岭大堡海拔2 498 m，面积约470 km²；以印支期正长花岗岩（$\xi\gamma_5^1$）和二长花岗岩（$\eta\gamma_5^1$）为主，其北部边界和南西部有少量加里东期闪长岩（δ_3^3）残留体；侵入地层为中元古界陇山群（Pt_2l）和葫芦河群（(Z-O₂)h）；该花岗岩体呈岩基状，存在放射性异常的情况，20世纪60—70年代，经二〇七工程指挥部下属各核地质队工作后，证明其意义不大。

2012年5月，经甘肃省第一地质矿产勘查院工作，在秦岭大堡岩体内东岔-立远附近发现六丈山大型铷矿床，该矿床还伴生有稀有金属铌、钽，其发展前景广阔。秦岭大堡岩体南外接触带新民农场-塄坪一带还有石英脉型金矿，石英脉中可见明金，经济价值很大。1992年曾因矿权纠纷而伤亡数人，后被有关部门禁止开采。

百花岩体位于麦积区利桥-百花村及其以南地区，部分进入陕西省境内。面积约484 km²，以燕山早期二长花岗岩（$\eta\gamma_5^2$）为主，岩体南部为海西期石英闪长岩（δo_4）残留体，岩体西部边界附近还有加里东期石英闪长岩（δo_3^3）和斜长花岗岩（γo_3^3）残留体。

该区域葡萄园以西、渭河以北地段（图1-1），有面积较大的火山喷出岩。本区域西段别川河下游附近主要岩性是火山凝灰岩、火山角砾岩和火山集块岩，岩石成分以长英质为主，含少量暗色矿物碎屑，岩石主要构造为假流纹构造，呈层状产出，推断这里应该是喜马拉雅山期喷出的流纹岩。本区域东段伯阳-元龙乡附近，喷出岩呈渣状玄武岩形式产出，熔岩被面积较大，风化强烈，2012年中国科学院地质与地球物理研究所曾在此开展"青藏高原及其周边新生代火山与泥火山温室气体排放"项目。

该区域沿通渭-葡萄园深大断裂带方向侵入的花岗岩主要是海西期二长花岗岩（$\eta\gamma_4^1$），局部地段为印支期正长花岗岩（如别川河上游地段），岩体主要沿下元古界秦岭群（Pt_1q）与白垩系的不整合面侵入。

综上所述，天水东部和南部岩浆岩以酸性侵入岩为主，局部地段含有酸性喷出岩和基性喷出岩。酸性侵入岩均呈岩基状产出，酸性喷出岩呈层状产出，基性喷出岩呈熔岩被状产出。由这4个花岗岩体构成的岩体群，党川岩体的时代最老（加里东期），其次是火炎山岩体（海西期），秦岭大堡岩体属于印支期，百花岩体属于燕山早期，时代最晚。晚期岩体边部都含有早期岩体的残留体，侵入时代从早古生代到侏罗纪（少数地段还有白垩纪）连续分布，这表明该岩体群侵入岩都是沿着早期断裂带(天水-宝鸡断裂带)侵入老地层后形成的杂岩体。从侵入体的规模上分析,主侵入期依然在印支-燕山早期,由于侵入岩的存在,抬升西秦岭地势,造成了今天西秦岭地区巍峨壮丽的地形地貌。

2. 通渭西北华家岭花岗岩体

华家岭岩体位置见图 1-1,位于通渭县城附近(包括两个小岩体)。据张宏斌等人 2004 年的研究[9],华家岭岩体以印支期二长花岗岩($\eta\gamma_5^1$)为主,侵入地层为中元古界陇山群(Pt_2l)高家湾组。出露面积约 50 km²,大部分地段被黄土覆盖。在马营乡、郭家岔山、陇川乡一带呈岩株状产出,岩性为含斑中细粒黑云母二长花岗岩。

3. 龙潭坝花岗岩体

龙潭坝岩体亦称天子山岩体,位于天水市麦积区与徽县交界处(见图 1-1,冯家场、水洞沟南西部红色区域)。龙潭坝岩体西南出露"八卦山岩体",两个岩体之间残存中-上泥盆统舒家坝群上岩群($D_{2-3}sh^a$),岩体仅相距 300~500 m,都属于印支期侵入的二长花岗岩($\eta\gamma_5^1$)。

两个岩体是顺着中-上泥盆统舒家坝群($D_{2-3}sh$)与李子园群、葫芦河群的不整合面侵入的。龙潭坝岩体局部呈楔形顺李子园群和葫芦河群原始层理侵入形成,楔形尖端为北西向,故龙潭坝岩体北西端宽度仅为 2.5 km,南东端最大宽度为 10 km,北西-南东最长 33 km,出露面积约 248 km²。

八卦山岩体呈浑圆状,面积约 60 km²,其内部产有杨家坝花岗岩型铀矿点。

龙潭坝岩体北东外接触带产有冯家场、东沟、水洞沟等金矿床,东外接触带产有东裕、寺合等金矿床,北外接触带产有李子园金矿床。

龙潭坝岩体与木其滩岩体之间是高(桥)-罗(坝)断裂出露的地段,高罗断裂属于本区区域性大断裂之一。

4. 木其滩岩体

木其滩岩体,亦称糜署岭岩体或老爷山岩体,位于天水市南部与徽县、成县交界处(图 1-1)。以印支期花岗闪长岩($\gamma\delta_5^3$)为主体,南部边界附近出露印支期二长石英闪长岩($\eta\delta o_5^1$),呈西宽东窄的楔形,侵入下-中石炭统月亮寨组($C_{1-2}yl$)、中-上泥盆统舒家坝群($D_{2-3}sh$)、中三叠统大河坝组(T_2d)等地层中;东西最长为 40 km,南北最宽为 18.8 km,出露面积约为 560 km²。其南外接触带有洛坝铅锌矿床,西南外接触带是西成铅锌矿田的主体,有厂坝、李家沟等 4 个铅锌矿床。

5. 柴家庄岩体

柴家庄岩体是本区面积最小的岩体(实际属于党川岩体的一个小岩枝),位于天水市麦积区娘娘坝以东地段,距娘娘坝 6 km 处。面积约为 8 km²,属于印支期二长花岗岩($\eta\gamma_5^1$),其北外接触带有柴家庄中型金矿床和 202、7618 铀矿点[1]。柴家庄金矿前景广阔,两个铀矿点经深入工作后,发现其工业意义不大。

二、武山-宕昌区

本地区岩浆岩主要是闾井、校场坝、柏家庄、中川（亦称吴茶坝）、碌碡坝和武山县的温泉岩体。由于前5大花岗岩体附近盛产金矿，所以这五个花岗岩体被称为"五朵金花"，这一地区也被称为"李坝金矿田"。

含温泉岩体在内的这6大花岗岩体都是以印支期-燕山早期为主的复式花岗岩体。其中温泉花岗岩体内有温泉钼矿床；闾井花岗岩体西南外接触带有代家庄铅锌银矿床；教场坝岩体南外接触带有锁龙中型金矿床；碌碡坝岩体南外接触带礼县铨水-白关一带有3处锑矿点和10处钼矿点，北外接触带与中川岩体南外接触带之间有金山、马泉金矿床，北、东外接触带分别有李坝、赵沟、崖湾、石家河坝、大墱下等大中小型金矿床和中川、范家坝等铀矿床。

这些花岗岩体中，以中川花岗杂岩体（图1-2）最具代表性。中川花岗杂岩体是海西、印支、燕山早期和燕山晚期侵入的复式花岗岩体，各期次之间呈同心环状产出，总面积为216 km²。

20世纪70年代末，甘肃省核地质二一九大队，对中川花岗杂岩体研究较多，认为该花岗岩属于以印支期为主的花岗杂岩体，海西期为辉长岩残留体，并将印支期划分为4个侵入次。2012年，姜启明等人通过最先进的SHRIMP技术，对中川花岗杂岩体进行了重新研究，其结果见表1-4。

表1-4 中川岩体地质特征表[1]

样号	原资料			新资料			平均同位素年龄/Ma
	代号	侵入阶段	岩性	代号	侵入阶段	岩性	
YT-1	γ_5^{1-3}	印支期第三阶段	中粗粒斑状黑云母花岗岩	$\gamma\delta_5^{1-3}$	印支期第三阶段	中粒花岗闪长岩	210
YT-2	γ_5^{1-3}	印支期第三阶段	中粗粒斑状黑云母花岗岩	$\eta\gamma_5^{2-1}$	燕山早期第一阶段	中粗粒似斑状二长花岗岩	185
YT-3	γ_5^2	燕山早期	中细粒黑云母花岗岩	$\eta\gamma_5^{2-2}$	燕山早期第二阶段	中粒黑云母二长花岗岩	175
YT-4	γ_5^{1-4}	印支期第四阶段	中粒含斑黑云母花岗岩	$\gamma\delta_5^{2-3}$	燕山早期第三阶段	中粒花岗闪长岩	160

由表1-4和图1-2可见，原资料认为印支期有3次侵入，第一和第二次侵入活动造成的侵入体较小，或被后期侵入体同化，只在中川杂岩体的边部或燕山早期第一次侵入的中粗粒似斑状二长花岗岩内保留残留体或捕虏体，只有第三次侵入的中粒花岗闪长岩规模较大，现只位于岩体北西部边缘地带。现资料认为，燕山早期有3个侵入次，这3次侵入形成的岩体占中川杂岩体总面积的90%以上，所以中川岩体应该以"燕山早期"为主要侵入期。仔细观察各期次形成的岩体，会发现中川杂岩体边部花岗闪长岩的结晶程度要好于内部岩体，也就是说早期岩体侵入时保留温度

的时间明显大于晚期,进一步说明印支期岩体被燕山早期岩体同化取代,形成"外粗内细"的反序列排列方式。

最新的SHRIMP测试结果表明:中川花岗杂岩体的主体年龄为160～210 Ma,主侵入期划分为2个阶段,即印支期和燕山早期。印支期有3次侵入活动,其中第1次和第2次只保留残留体,第3次侵入的规模较大,平均年龄为210 Ma,位于中川花岗岩体北部地段;燕山早期可划分为3个侵入次,其年龄分别为185 Ma、175 Ma、160 Ma。以前该地区花岗岩的侵入(喷发)为"四期七次",即海西期1次、印支期3次、燕山早期1次、喜马拉雅山期2次,现在应该更新为"四期九次",即海西期1次、印支期3次、燕山早期3次,喜马拉雅山期2次,其中只有最后两次属于喜马拉雅山期喷出岩;其中以燕山早期的侵入规模最大。

本次研究结果表明,中川花岗杂岩体的年龄较以前的老资料要年轻许多,这些基础地质资料的更新对于研究该地区金成矿规律具有重要意义。

三、临夏-合作区

1. 达加里山岩体

该岩体位于临夏-夏河以西至甘青交界处(图1-1)。可分为2个岩体,北部为加里东期花岗岩(γ_3^3),南部为燕山早期花岗岩(γ_5^2)。两个岩体之间有冰洲石(纯净的方解石)矿点。南部岩体东外接触带还有阿夷山铜矿床,答浪沟、也赫杰、早仁道锑砷金矿床[10]。

2. 合作西、北、东岩体

这些岩体位置见图1-1。岩体均为面积很小的燕山早期花岗岩(γ_5^2),合作北岩体南外接触带有德乌鲁特大型铜矿床。

学习任务四　西秦岭地区主要矿产

任务描述

(1)了解西秦岭地区金矿的主要产地和区域构造位置。

(2)了解西秦岭地区其他有色金属(铜、钼、铅锌、锑)的产地和区域构造位置。

(3)了解西秦岭地区黑色金属(铁、锰、铬、钛)的产地和区域构造位置。

(4)了解西秦岭地区放射性矿产(铀矿)的产地和区域构造位置。

(5)了解西秦岭地区非金属矿产的产地和区域构造位置。

一、金矿

由于甘肃东南部盛产多种有色金属(包括金矿)而被称为"聚宝盆"。在20世纪70年代以前出版的中华人民共和国矿产图中,本地区没有一个金矿(仅有铜矿和西成铅锌矿田),现在的甘肃地质矿产图中的金矿全部是20世纪80年代以后找到的金矿床,而且现在仍然不断有发现大金矿的报道(如西和县大桥金矿),使这一地区成为全国少有的找金的热点地区之一。

如图1-1所示,在陕西的勉县、略阳、宁强及凤县等地区,连续发现铧厂沟(特大型)、八卦庙(特大型)、庞家河(大型)、煎茶岭(中型)、尚家沟(中型)、太阳坪(中型)、丁家林(中型)等金矿床。这些金矿床也是近30年陆续发现的,这一地区被称为"勉略宁金三角"地区。

在毗邻甘肃南部的川甘交界地区亦有阳山-石鸡坝金矿田、九原(中型)、坪定(大型)、拉日玛(中型)、大水(大型)金矿床,加之四川的邛莫、马脑壳、拉尔玛、若尔盖等地的金矿床亦有很多,故这一地区被称为"川陕甘金三角"地区[1]。

在礼县、岷县等地有"五朵金花",其外接触带产有李坝(超大型)、金山(大型)、马泉(中型)、赵沟(中型)、锁龙(中型)、崖湾(中型)金矿床及石家河坝、大埫下等小型金矿(图1-2)。这里是岷(县)-礼(县)金矿集中区的东段矿区,在岷县西、北还产有鹿儿坝、甘寨、寨上等大中型金矿床,称为岷礼金矿集中区的西段矿区。

近年来,在西和县大桥乡发现超大型金矿,2015年年底,该金矿累计已探明金资源量超过百吨,伴生银资源量为300吨。该金矿位于中秦岭与南秦岭的交界线上(图1-1),属于角砾岩型金矿,2012年已经建成日处理矿石1 500吨的大桥金矿选矿厂,该厂正在源源不断地生产大量黄金和白银,图1-3是本书主编姜啟明考察大桥金矿留影。

图1-3 本书主编姜啟明考察大桥金矿(右下方为该金矿矿石标本)

川陕甘"金三角"地区的金矿大部分属于类卡林型金矿,但在天水市麦积区东部塄坪-吊坝子和武都-岷县白龙江流域局部产有石英脉型金矿,肉眼可见明金,经济效益明显。

二、铜矿

本地区最大的铜矿是甘南州合作市东北的特大型德乌鲁铜砷矿床和夏河县东部的阿夷山铜钨矿,这两个铜矿发现于20世纪70年代,成矿主元素为Cu、As、Au、Sb、Ag、W、Mo等,矿床类型是与岩浆热液有关的热液矿床。

其次是文县阳坝-筏子坝铜铁锌矿床,主要矿石矿物是黄铁矿、黄铜矿、磁铁矿、赤铁矿(镜铁矿)、闪锌矿、辉铜矿等,属变质热液型矿床。

较小的铜矿还有文县大山里-铜锡崖-旧房梁一带的岩浆热液型铜矿点、和政县和庄浪县铜矿点等,甘南州迭部和陇南地区康县等地的铜矿点均不具规模。

据陈健等2003年的研究[22],在天水市麦积区的冯家场铜金矿床中,大部分地段铜含量达到铜的工业品位(0.5%),可作为伴生铜矿开采。

三、钼矿

本区钼矿主要是武山县的温泉钼矿,位于武山县温泉乡与甘谷县交界处。矿体产于似斑状黑云母花岗岩体内部的花岗斑岩中。

矿床有用矿物主要是辉钼矿,含少量黄铜矿、黄铁矿、白钨矿等,属斑岩型钼矿床。现已圈出40条矿体,其中达到工业品位以上的矿体23条。矿床控制面积为$0.3\ km^2$,资源潜力有望达50万吨。矿石品位见表1-5。

表1-5 温泉钼矿工程见矿情况表

工程号	总见矿情况		最低工业品位以上		边界品位以上-最低工业品位		层数
	厚度/m	平均品位/%	厚度/m	平均品位/%	厚度/m	平均品位/%	
PD-1	166.13	0.078	116.70	0.102	—	—	
PD-2	133.37	0.063	30.31	0.129	—	—	
ZK16-1	259.69	0.051	103.65	0.060~0.082	156.04	0.034~0.057	5
ZK7-1	306.52	0.050	30.30	0.070~0.127	276.22	0.031~0.051	6
平均	216.43	0.061	70.24	0.100			

注:钼的边界品位为0.03%。

由表1-5可见,温泉钼矿品位虽然不高,但厚度很大,适合大规模工业开采。

岷县雪花山钼矿,位于县城东北20 km左右,含钨、锡等有用金属。现仅为矿点,规模不大。

在礼县铨水—白关间和临潭县羊沙—卓尼县新堡间各有 10 多处钼矿点,发展潜力很大,应是寻找钼矿的良好靶区。

四、铅锌矿

1. 西成铅锌矿田

西成铅锌矿田由甘肃省西和县南部至成县北部的几十个铅锌矿床组成(图 1-4),简称为西成铅锌矿。矿田东起徽县洛坝镇,西至西和县洛峪镇,东西长 85 km。南北宽 15 km,面积达 1 275 km²,累计探明铅锌储量超过 1 300 万吨,预测远景储量可达 2 500 万吨,是我国超大型铅锌矿之一。

该矿区早在明、清年代即作银矿开采,有"日产万担砂、夜炼千两银"之说。西成铅锌矿田较系统的地质调查始于 20 世纪 40 年代,从 1940—1949 年先后有叶连俊、关士聪、徐铁良、宋叔和、乔作木式、黄劭显等来此进行地质矿产调查。中华人民共和国成立后,从 1958—1963 年先后由中国科学院天水队、甘肃地质局西秦岭地质队、天水专署地质局第三地质队等到此调查铁、锰、铅锌等矿产。从 1964 年至今,主要是有色地质部门在这一地区进行系统的地质勘查工作,先后提交了厂坝、李家沟、毕家山、邓家山、洛坝等大型、超大型矿床的普查、详查和勘探报告。西成铅锌矿田是中国第二大"铅锌"生产基地。

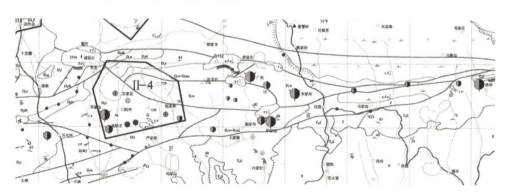

E—新近系;K—白垩系;T_2d—中三叠统大河坝组;J—侏罗系;D_3q—上泥盆统七固组;D_2y—中泥盆统鱼池坝组; D_1w—下泥盆统王家坝组;D_1wj—下泥盆统魏家店组;$D_{1-2}y$—下-中泥盆统月亮寨组;$\gamma\delta_5^2$—印支期花岗闪长岩; $\gamma\delta_5^1$—印支期石英二长闪长岩;$\gamma\pi$—花岗斑岩脉。

图 1-4 西成铅锌矿田地质简图(各时代具体岩性见表 1-2)

矿田内产有 12 个铅锌矿床[10]。2006 年,祝新友、汪东波等人将这种矿床划归同生喷流沉积(Sedex 型)矿床[25]。据谈应范、洪春谢等人 2008 年的研究,矿床成矿模式分为两种,一种是热水沉积型铅锌矿床(厂坝式),以厂坝-李家沟矿床为代表;另一种是热水沉积改造型铅锌矿床(毕家式),以毕家山矿床为代表,邓家山、洛坝也属于此类矿床[24]。

1)热水沉积型铅锌矿床(厂坝式)

这种类型以厂坝铅锌矿为代表,其基本特征如下。

(1)矿体规模。厂坝-李家沟矿床含矿层延长 2 200 m 以上。厂坝矿段有 51 个矿体,主矿体 3 个;李家沟矿段有 83 个矿体,主矿体 3 个,均产于黑云母片岩和大理岩中。矿体呈层状、似层状、透镜状,与围岩整合产出。厂坝主矿体:Ⅰ号矿体长 960 m,最大延深为 615 m,平均延深为 437 m,厚度为 0.7~71 m,平均厚度为 23.77 m;Ⅱ号矿体长 380 m,最大延深为 680 m,平均延深为 501 m,厚度为 1~49 m,平均厚度为 19.22 m;Ⅲ号矿体长 500 m,最大延深为 410 m,平均延深为 339 m,厚度为 0.45~39 m,平均厚度为 8.47 m。李家沟主矿体:Ⅰ号矿体控制长 1 200 m,延深为 230~730 m,厚度为 1~38.43 m,平均厚度为 11.95 m;Ⅱ号矿体长 780 m,延深为 240~500 m,厚度为 1~20 m,平均厚度为 6.21 m;Ⅲ号矿体控制长 850 m,延深为 150~530 m,厚度为 1~15.41 m,平均厚度为 5.67 m。

(2)矿床平均品位。厂坝矿段,铅 1.32%、锌 7.04%;李家沟矿段,铅 1.31%、锌 7.34%、伴生银 4.24~29.53 g/t,镉 0.007 3%~0.381 9%。

(3)矿石组成。主要矿石矿物为闪锌矿、黄铁矿、方铅矿及少量磁黄铁矿、毒砂、斜方硫锑铅矿等。矿石结构构造,有莓球状、针状、球状、半自形粒状等结构,块状、条带状、浸染状等构造(图 1-5)。

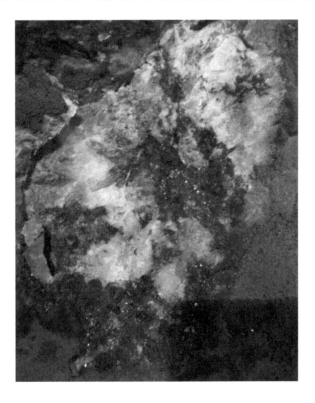

图 1-5　西成铅锌矿田谢家沟铅锌矿床矿石照片

(4)围岩蚀变。大理岩中矿体有方解石化、黑云母石英片岩中矿体周围有绢云母化、硅化等。

2)热水沉积改造型铅锌矿床(毕家式)

毕家山铅锌矿床位于甘肃成县王磨乡吴家山复背斜南翼、三架山次级背斜的东部南翼。含矿地层为中泥盆统西汉水组,含矿岩石主要为硅质岩,其次为硅化灰岩。矿区东部约 2 km 处有印支期沙坡里二长花岗岩出露。矿床规模为大型。已发现矿体近百个,按矿体产出部位分为 3 类。

第一类,矿体产于生物礁灰岩与千枚岩接触部位的硅质岩中,与围岩整合产出,以Ⅰ、Ⅳ号矿体为主,占该矿床铅锌总储量的 86%。Ⅰ号矿体长 1 500 m,呈鞍状向两翼逐渐变薄、尖灭。北翼最大延深为 190 m,一般厚 5~15 m,最厚达 31 m。Ⅳ号矿体长 1 100 m,似层状、透镜状,延深为 45~370 m,一般厚 3~10 m,最厚达 25 m。

第二类,矿体产于生物礁灰岩中,呈透镜状、囊状、不规则状,与围岩整合或不整合产出。矿体最长达 750 m,厚 0.3~6.72 m,延深为 20~150 m。

第三类,矿体产于千枚岩中,呈透镜状与围岩整合产出。

(1)矿床平均品位。铅 2.4%、锌 4.95%、伴生银 27 g/t、镉 0.07%、硫 4.6%。

(2)矿石组成。主要矿石矿物为闪锌矿、方铅矿、黄铁矿,其次为黄铜矿、黝铜矿,以及少量毒砂、斜辉锑铅矿、斑铜矿、蓝辉铜矿等。矿石结构构造,有莓球状、自形和半自形粒状、他形粒状,以及溶蚀、残余、文象、乳滴状等结构;有角砾状、似条带状和条带状、浸染状、块状、斑点状等构造。

(3)围岩蚀变。主要为硅化,其次为碳酸盐化等。

邓家山铅锌矿也属于此类,其特点如下。

邓家山铅锌矿床位于甘肃西和县,构造上位于邓家山背斜及磨沟背斜之中(图 1-4)。矿区出露地层为中泥盆统西汉水组碎屑岩-碳酸盐岩建造。构造以褶皱为主,断裂次之。岩浆岩不发育,在矿区仅见印支期蚀变闪长岩脉出露。矿床规模为大型。最大矿体为 1 号和 9 号。其中,1 号矿体已控制延长为 4 000 m,延深为 300 m 左右,平均厚度为 3.6 m,最厚达 20 m。平均品位:铅 2.34%(最高达 13.36%)、锌 6.53%(最高 41.53%)。9 号矿体,已控制延长为 2 000 m,延深为 350 m 左右,平均厚度为 6.28 m,最厚达 20.89 m。平均品位:铅 1.27%、锌 4.27%、伴生银 14.8 g/t、镉 0.016%、金 0.1 g/t。

洛坝铅锌矿床位于甘肃徽县柳林乡。矿区出露地层为中泥盆统西汉水组及三叠系。北部出露印支期糜署岭花岗闪长岩,并有少量脉岩。矿床规模为大型铅锌矿。矿体主要产于洛坝背斜北翼近轴部、生物礁灰岩顶部及上覆千枚岩内的生物灰岩透镜体夹层中,围岩主要为硅质岩。根据围岩性质,矿体产出部位分 3 类。

(1)第一类产于生物礁灰岩中的矿体,呈透镜状、巢状,与围岩整合产出,局部呈脉状。矿体一般长 200~400 m,厚 1.64~4.32 m。

(2)第二类产于生物礁灰岩和千枚岩接触部位的矿体,一般呈层状、似层状,与围岩整合产出。有4个主矿体,长650～1 350 m,延深为340～470 m,厚7.06～8.87 m,最厚达49.66 m。

(3)第三类产于千枚岩中的矿体,常与生物礁灰岩、硅质岩一起呈似层状、透镜状与千枚岩整合产出。有1个主矿体,长1 350 m,延深为380 m,厚7.06 m,最厚达32.65 m。

(4)矿床平均品位:铅1.35%、锌4.20%、伴生银25.09～33.74 g/t、镉0.015 2%～0.034 6%,硫4.63%～7.25%。

3)成因特点

现以西和县邓家山铅锌矿为例说明其基本特点(图1-6):当含矿热液在碳酸盐岩中运移时,遇到炭质千枚岩、绢云母方解石千枚岩和绿泥千枚岩等含泥质岩石时,含矿溶液中的Pb、Zn、Cu、Ag等就会沉淀,形成矿体。

大部分学者将这类远离岩浆岩、没有受到岩浆热液影响,又受层位控制的中低温矿床称为热水沉积喷流型(Sedex型)矿床。

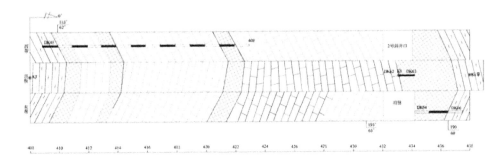

图1-6 西成铅锌矿田邓家山矿床PD-15编录图

注:408～410 m和436 m以后带"-"和"～"的花纹为绢云母绿泥石千枚岩夹方解石千枚岩;其余地段为粉晶灰岩;网格状花纹为矿体。

2.代家庄铅锌矿

近年来在宕昌县车拉乡发现的代家庄铅锌矿床是在20世纪60年代末的Pb、Zn、Au、Ag、Sb综合化探异常的基础上发现的。该地区矿床附近被大面积黄土所覆盖,20世纪60年代末陕西省第三地质队对陕甘地区进行大面积化探扫面(水系沉积物测量),发现了该地区的异常。在20世纪70年代异常检查时,发现该地岩石露头很少,取样分析后仍维持异常,仅有矿化显示,经少量的地质工作之后亦未发现矿体,于是放弃了在该地找矿。20世纪80年代中期以后,甘肃省有色地勘局进行加密化探测量时证实该异常的确存在,再次开展地质工作,经几年的努力后仅见到零星的小矿体。直到20世纪90年代末,有关部门顶着压力、冒着很大的风险上了一台钻机进行深部揭露,终于见到了厚大的工业矿体,受到了极大的鼓舞。再经短短3年的工作,发现深部矿体几乎连成一片。矿床规模大增,取得了重大的地质成果。经研究发现,矿床大部分矿体为盲矿体,地表少量的露头仅为矿体的头部,但这足以形成大量的水系沉积物异常。其经验教训是,不能轻易否定水系沉积物异常,抓住有利线索敢冒风险就能取得成功。

代家庄矿床位于西成铅锌矿田西部 90 km 处,与矿田处于同一个成矿带上。控矿构造与西成铅锌矿相同。矿体直接围岩也是灰岩,地表可见少量白铅矿,属于方铅矿风化造成,深部以方铅矿、闪锌矿为主,少量黄铁矿、白铁矿、黄铜矿、毒砂等,主要有用元素是 Pb、Zn、Ag、Cu、Fe 等,属沉积再造型矿床。祝新友、汪东波等人 2006 年将这个矿床也划归 Sedex 型矿床[25]。

3. 其他铅锌矿

在礼县崖湾金矿 0 号勘探线附近的碳酸盐地层中含有一个规模较大的铅锌矿体,针对该铅锌矿体未开展深入的地质工作。1989 年地表探槽揭露时见到大量块状铅锌矿矿体,目估矿石标本含方铅矿和闪锌矿达到 90% 以上,当地农民曾私挖滥采,后被有关单位禁止,尤其值得注意的是:该铅锌矿体上银含量高达 136.8×10^{-6},所以崖湾金矿伴有铅锌矿体,并伴生银矿。

在礼县南部、宕昌东北部、临潭东北部等地亦有矿点多处,与西成和代家庄矿床处于同样的成矿构造中,相信随着地质工作的深入必将有重大的成果产生。

五、锑矿

本区最大的锑矿是西和县崖湾锑矿床,位于县城西南 42 km 处。该矿床发现于 20 世纪 60 年代,现为大型锑矿床,是甘肃锑厂的主要矿源产地。产于光盖山-成县大断裂旁侧的中三叠统滑石关组(T_2h)地层内,该组岩石的主要岩性为海相-海陆交互相砂岩、板岩和石灰岩,为变质热液型矿床。

宕昌县大河坝、甘江头东部,岷县西甘寨等地亦有锑矿点分布,但规模较小。

六、黑色金属

1. 铁矿

本地区最大的铁矿是甘南碌曲和卓尼县迭山 2 个铁矿床。产于中泥盆统地层中,以鲕状赤铁矿为主,且层位及厚度稳定,规模大,但含磷高不易选矿。

其次是文县筏子坝-阳坝、大山里、铜锡崖等地的铜矿伴生铁矿。礼县木树关和武都两水铁矿规模较大,现正在开采。据甘肃省核地质二一九大队资料,成县红川镇以南地区的申家河红岩山、鹰嘴山、乱石山等处,有多个铁矿点,有一定的找矿前景。其余如和政县铁沟脑、礼县南部、麦积区南部和东部等地的铁矿大多数是大炼钢铁时的产物,经济意义不大。

2. 锰矿

本地区最大的锰矿是文县东部口头坝-横丹乡的沟岭子、赵家咀等特大型锰矿床。该矿床主要有用矿物为软锰矿、硬锰矿、菱锰矿、褐锰矿、褐铁矿。矿石的有用元素为 Mn、Fe、Mo,并伴生 Co、Ag 等,是典型的沉积型矿床。

3. 铬矿和钛矿

铬矿和钛矿主要有武山县范家庄、天水市麦积区沙坪(与两当县交界)2 处铬矿点和静宁县贾河钛铁矿点,规模都不大。

七、铀矿

本地区铀矿主要是川甘交界的迭部铀矿田和礼县中川地区的铀矿(图 1-1)。

1. 迭部铀矿田

该铀矿田亦称若尔盖铀矿田,位于甘肃省甘南州迭部县与四川若尔盖县两省交界地区。迭部矿田位于光盖山-成县断裂和玛曲-略阳俯冲断裂之间、白龙江复背斜的次级背斜降扎-白依背斜中。沿白依背斜两翼依次出露寒武-奥陶系太阳顶群、志留系、泥盆系、石炭系和二叠系地层。三叠系出露于白龙江复背斜南北两侧,侏罗系和白垩系下统为断陷构造盆地型沉积,不整合分布在古生界之上。含矿层主要是下志留统迭部群(S_1d)和中志留统舟曲群的羊肠沟组、塔尔组和拉拢组。矿田内断裂构造与区域断裂构造同向,有 2 组近东西向的断裂构造;矿田内岩浆岩主要是燕山晚期的火山岩,以中酸性的安山质和英安质火山岩为主[27]。

迭部地区以中-下志留统碳硅泥岩层为重要的赋矿层位,矿化类型属于吸附沉积-热液改造型;层控特征主要表现为近东西向呈带状分布的地层,而铀矿床位置都位于这一带状地层上,如 510、511、512、513 和刁德卡铀矿床,这一带状地层还分布有大量的铀矿点、矿化点。

2. 礼县中川地区铀矿

如图 1-2,在礼县中川花岗杂岩体内部产有吴茶坝花岗岩型铀矿(7902 铀矿床),在岩体的东接触带,产有中川(7901)和范家坝(7903)次生富集-淋滤改造型铀矿床。其中中川铀矿已经于 1996-2008 年开采完毕。

八、非金属矿产

1. 石灰岩、白云岩及花岗岩建材

石灰岩和白云岩属于建材类非金属矿产,主要有武山县鸳鸯镇、武都区安化镇、徽县麻坪镇、临洮上营等地的石灰岩,通渭县义岗川、天水关家沟、新阳等地的白云岩;清水县别川河正在开采白云石矿,用于制造"大白粉",其开采对象是下元古界秦岭群中品质较高的白云岩或白云质灰岩,用于建筑外墙刷粉。

礼县罗坝乡正在开采"中川岩体"的花岗闪长岩,作为铺设室外地面的板材,其经济效益

良好。

2. 重晶石($BaSO_4$)和毒重石($BaCO_3$)

这两类矿产主要是文县临江的东风沟和关家沟矿床。前者为纯重晶石和黏土质重晶石,含$BaSO_4$达80%,远景储量达2 257万吨;后者还含有毒重石。二者皆为特大型沉积型矿床。

3. 钾长石

钾长石矿位于清水县黄门附近,属小型矿床。开采对象是正长花岗岩中的"正长石"(钾长石),主要用于陶瓷原料。

4. 水晶

主要产于岷县马坞镇、武都区五马乡等地,皆为小型矿床。优质水晶(SiO_2晶体)可用于制造光学仪器、眼镜和压电石英片等。

5. 宝玉石矿产

宝玉石矿产主要是武山县山丹-鸳鸯镇附近的"鸳鸯玉"和天水与清水县交界的庞公石(亦称"庞公玉"),玉石颜色以黑色、深绿色为主,矿石主要成分是蛇纹石,这类玉石经雕刻成酒杯后,在透明度较好的情况下,倒入美酒后,由于光折射原理而出现波纹,所以该产品被称为"九龙杯"。武山的鸳鸯玉透明度高、玉质坚硬、耐高温、品质高,已经形成产业化生产,产业中以"莹豪玉业"知名度较高。

学习任务五　天水附近地区地质概况

任务描述

(1)了解天水地区老地层的主要时代和简单特征。
(2)了解天水地区新地层的主要时代和简单特征。
(3)了解天水地区区域性大断裂的表现形式。
(4)了解天水实习区内的侵入岩和喷出岩。
(5)了解天水实习区的主要矿产。
(6)了解天水实习区的"土林地貌"和"丹霞地貌",初步分析其成因。

天水附近地区,是指天水市秦州区和麦积区大部分地段及清水县南部地段,具体位置见图1-7。这里是天水地区开展"地质认识实习"的主要区域。

学习情境一　甘肃东南部地区地质概况　33

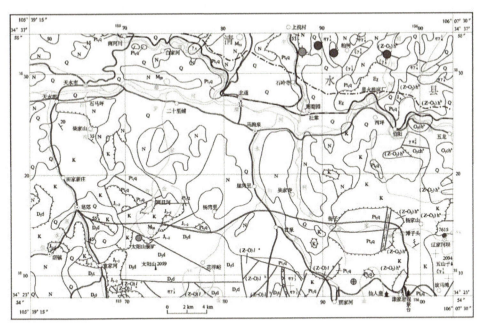

Q—第四系;N—新近系;K—白垩系;J_{1-2}—中-下侏罗统;D_3d—上泥盆统大草滩群;O_3ch^a—下奥陶统陈家沟群下岩组;D_3d—上泥盆统大草滩群;D_2s—中泥盆统舒家坝群;$(Z-O_2)h^b$—震旦-中奥陶统葫芦河群上岩组;$(Z-O_2)h^a$—震旦-中奥陶统葫芦河群下岩组;$(Z-O)l^c$—震旦-奥陶系陇山群上岩组;$(Z-O)l^b$—震旦-奥陶系陇山群中岩组;$(Z-O)l^a$—震旦-奥陶系陇山群下岩组;Pt_1q—下元古界秦岭群;Ex—火山岩;$\gamma\pi_5^2$—燕山早期花岗斑岩;$\xi\gamma_5^1$—印支期正长花岗岩;$\eta\gamma_5^1$—印支期二长花岗岩;$\eta\gamma_4^1$—海西期二长花岗岩;δ_4—海西期闪长岩;$\eta\gamma_3^3$—加里东晚期二长花岗岩;红色粗线为断层;7615—小红点代表铀矿点;大红点代表铁矿点;带十字的黄色点代表金矿(床)点;M_{29}—磁异常及编号;金—土壤化探金异常;Au—水系沉积物化探金异常。

图1-7　甘肃省天水地区地质图

一、地层

天水地区地层大致可分为前寒武系地层、震旦-奥陶系地层、泥盆系地层和中生代及其以后地层。本书将泥盆系及以前的地层统称"老地层",泥盆系以后的地层称"新地层"。

1. 前寒武系地层

这里的前寒武系地层,主要是指下元古界秦岭群(Pt_1q),震旦-奥陶系虽然部分属于前寒武系,但跨入下古生界,而且未完全分开,所以不在这里描述。

由图1-7可见,下元古界秦岭群(Pt_1q)在天水附近出露的面积很小,但它是本区最古老的岩石。不同出露地点的岩性有较大差异。

该地层主要出露的地段有4处,具体特征如下。

1)南河川-北道渭河两岸地段

出露于陇峭的河谷地段,主要岩性是灰白色含石墨大理岩、灰绿色绿泥石石英片岩、灰色富铝片麻岩等。尤其以含石墨大理岩为显著特征,其中方解石晶体颗粒能达到 1.5 cm×2 cm× 3.5 cm,大理岩很纯净,杂质很少,产状 215°∠45°,其中顺层、逆断层很多。在大理岩和绿泥石石英片岩的裂隙中可见黑色的石墨(图 1-8),石墨易于染手。绿泥石石英片岩与大理岩产状相同,富铝片麻岩常与石英片岩相间产出。在岩石原始层理间侵入的花岗岩脉或花岗闪长岩脉,倾角在 45°~70°之间,与上覆地层(白垩系砂砾岩或泥岩)呈角度不整合关系。

图 1-8　天水渭河峡口绿泥石石英片岩中的石墨

2)牛头河两岸

该地段出露的地层主要岩性是长英质片麻岩组合、硅质岩、石英岩和混合花岗岩。岩石中暗色矿物很少,混合花岗岩中可见中粒-细粒正长石,石英颗粒很难区分。某些地段可见厚约 100 m 的白云质灰岩、白云岩、硅灰岩等钙质硅酸盐组合;白云质灰岩有明显的"铁染"现象,裂隙中充填有赤铁矿和褐铁矿,这是灰岩风化后残留铁质的结果;灰岩和白云岩中顺层充填有基性岩脉,脉岩宽度 1~2 m,受基性岩脉的热烘烤作用影响,有些白云岩被蚀变为蛇纹石。

3)温家峡

该地段的岩石主要岩性为条带状混合岩、大理岩和长英质片麻岩等,岩层产状近于直立,局部地段混合岩化非常强烈,可见直径超过 1 cm 的钾长石斑晶,该地段大理岩一般呈灰白色(图 1-9),个别地方也有铁染现象,方解石晶体颗粒远小于渭河峡口。

温家峡东段,有一个近南北向的韧性剪切带(图 1-7),将温家峡划分为东西两段,西段为下元古界秦岭群,东段为葫芦河群。

在滩子头村西可见葫芦河群石英片岩与上覆白垩系紫红色砂砾岩的角度不整合接触关系。

图 1-9 天水温家峡大理岩

4）两旦河

两旦河位于罗家沟上游地段，主要岩性是大理岩、白云质大理岩等，这里的大理岩与渭河两岸的大理岩相似，以灰白色为主，没有铁染现象。

2. 震旦-奥陶系地层

震旦纪-奥陶纪形成的地层主要包括李子园群、葫芦河群和陈家沟群。

李子园群与葫芦河群属于同时代产物，都是海底火山喷发形成的火山沉积物经高温高压变质作用而形成的，所以在不同的地点，其岩性是有差别的。

1）李子园群（(Z-O)l）

李子园群主要分布于甘泉镇以南地段，岩性为海底火山喷发形成的深变质火山岩系[20]，分上、中、下三个岩组。下岩组（(Z-O)l^a）为变质基性-中基性火山岩夹碎屑岩、少量中酸性火山岩及大理岩；中岩组（(Z-O)l^b）变质酸性-中酸性火山岩夹碎屑岩及结晶灰岩；上岩组（(Z-O)l^c）变质碎屑岩夹结晶灰岩。各岩组之间为整合接触，局部为断层接触。大部分地段产状较陡，与中泥盆统地层呈断层或不整合接触关系。岩石被北东向和近南北向断层切割成菱形块状，破碎强烈。

2）葫芦河群（(Z-O_2)h）

葫芦河群主要分布在麦积区伯阳乡南北地段，出露面积较小，分上下两个岩组。下岩组（(Z-O_2)h^a）位于杨家山以东和以北地段，主要岩性是黑云母石英片岩、黑云母绿泥石角闪石片岩；上岩组（(Z-O_2)h^b）位于伯阳乡以南地段，岩性为角闪斜长片麻岩夹角闪岩、千枚岩。葫芦河群上下岩组岩性差别较大,易于辨认。

在辽家河坝地段,有 7615 铀矿点,20 世纪 70 年代找铀矿时,当时的核地质二一六大队将该地岩石划作泥盆系,李健中、高兆奎等人 1996 年也将这一地段的岩性划归"中泥盆统舒家坝群"解体的一部分岩组[21],但根据最新资料(甘肃省有色地质局资料)和岩性观测,将这一地段地层暂时划归葫芦河群是合适的。该地段岩性变化大,变质程度高,又缺乏必要的化石,给确定时代带来极大困难,具体的划分结果还需要先进的 SHRIMP 技术测试,才能最终确定其形成时代。

3)陈家沟群下岩组(O_3ch^a)

陈家沟群仅在麦积区元龙乡五龙村南部出露,面积很小,岩性以片麻岩为主,夹有白云岩、白云质灰岩,少量硅灰岩、条带状混合岩等。

3. 泥盆系

1)中泥盆统舒家坝群

据李健中、高兆奎等人 1996 年研究,中上泥盆统舒家坝群可解体,其中位于礼县李坝金矿附近的中上泥盆统地层定为李坝群,下设若干组,岩性为碎屑沉积岩系,其余地段保留原名称或改称"舒家坝组"[21]。

李坝群下的组岩性主要是斑点状板岩、粉砂质绢云母绿泥石板岩、变质砂岩、千枚岩等。天水皂郊以南和李子园群附近的泥盆系地层,除了没有"斑点板岩"外,其余岩性都有,而李坝组的斑点板岩是由于受到"中川花岗杂岩体"热烘烤作用而形成的蚀变,所以将皂郊以南地段地层划分为舒家坝组是合适的。

2)上泥盆统大草滩群

大草滩群地层主要位于太阳山以南地段,岩性为紫红色、灰绿色砂砾岩,含砾砂岩,砂岩、粉砂岩夹紫红色页岩。

以前的资料将袁家河附近的地层定位"大草滩群"是不合适的。袁家河附近地层的岩性以板岩为主,变质砂岩为辅,含少量千枚岩,属于浅变质岩系,符合中泥盆统舒家坝组岩性特征,而大草滩群以紫红色、灰绿色砂砾岩为主,以沉积岩或轻微变质岩为辅,所以将袁家河附近的地层划分为舒家坝组。

4. 白垩系和侏罗系

白垩系和侏罗系通常呈水平状盖在老地层(泥盆系或下元古界秦岭群)之上,与下伏地层呈角度不整合接触关系。

1)侏罗系

侏罗系在天水地区出露面积很小,仅在皂郊镇南部出露,以中-下侏罗统为主,岩性以泥岩和粉砂岩为主,其次为砾岩、砂岩夹含碳粉砂岩、页岩及煤线、局部中酸性火山碎屑岩,岩石颜色以灰色和灰黑色为主,没有紫红色,易于与白垩系和新生代岩石区别。

2)白垩系

天水附近地区,白垩系地层覆盖面积很大,约占总面积的30%。

白垩系下统岩石以灰白色、浅灰色、浅黄色薄层状泥岩、粉砂岩为主,有少量中层状钙质砂岩和薄层鲕状灰岩,主要分布于天水市麦积区甘铺镇-北道镇南北陡坎处,出露面积很小,且大部分被第四系黄土覆盖。白垩系下统层下伏下元古界秦岭群,它们与秦岭群之间是角度不整合关系,不整合接触面以上是磨圆度很高的底砾岩。这些泥岩、粉砂岩、含钙泥岩、钙质粉砂岩和钙质砂岩的存在,证明在早白垩世初期,天水地区曾有短暂的"海进现象",才能形成海相沉积的碳酸盐岩沉积。泥岩和粉砂岩常呈互层,颜色以浅色为主,反映了蚀源区岩石中的微量元素差异,绝大部分碎屑非常细小,这是弱水动力条件下的产物,说明在渭河宝鸡峡未形成之前,天水地区的确是"断陷盆地"形成的湖泊,也印证了天水是"天河注水"的传说。

上白垩统的常见岩性是砾岩、砂质砾岩、褐色泥岩或砂岩、浅黄色粗砂岩等,其中砾岩大部分以铁质胶结和泥质胶结为主,少数地段为钙质和硅质胶结。上白垩统地层,在天水地区分布广泛,主要分布于海拔较高地段,如天水麦积山、仙人崖、辽家河坝等地,是天水地区老地层的主要盖层。

砾岩和砂质砾岩中的砾石磨圆度都很高,呈"圆状",砾石颗粒大小差别很大,最大直径约5 cm,大部分直径在0.5~1 cm,砾石长轴一般都呈水平状,显示为河流沉积特征;砾石胶结物以铁质和钙质胶结为最常见,其次是硅质胶结,如麦积山和仙人崖的"丹霞地貌",就是由于"差异风化"造成的,硅质胶结砾岩不易风化,被残留原地形成孤峰(图1-10)。

图1-10 天水观景台的丹霞地貌

5. 新生代地层

1）古近系

天水地区缺少古近系地层，仅在个别地段（如伯阳乡、社棠镇北部等地）分布有少量喜马拉雅山期火山岩，即小河子组（Ex），岩性为酸性火山熔岩、熔结角砾岩、凝灰岩、基性火山岩等，这些火山岩大部分呈"渣状"，结构松散。

2）新近系

天水地区新近系覆盖广泛，其面积占比在20%左右；岩性以紫红色砾岩为主，其次是砂砾岩，砾石磨圆度较高，但通常低于白垩系砾岩；岩石结构松散，胶结物较少，易于受到雨水冲刷而形成"假石林"现象，如吕二沟。

3）第四系

天水地区第四系覆盖广泛，覆盖面积约占总面积的40%。主要覆盖物是黄土，少量坡积物和现代河流沉积物等。

二、构造

1. 断层

本区最大的断裂构造就是天水-宝鸡深大断裂，由于天水地区大部分地段被黄土、新近系、白垩系覆盖，所以断裂构造只在"老地层"中能够反映出来；具体表现在太阳山-花洋峪北西向或近东西向的2条断裂带（发育于上石炭统大草滩群）、温家峡近东西向断裂及辽家河坝以东断裂；其中辽家河坝以东地段的断裂发育下元古界秦岭群和震旦-中奥陶统葫芦河群，向东切穿火炎山和秦岭大堡岩体进入陕西境内（图1-1）。

本区还有一个深大断裂，武都-天水深大断裂，这是通过物探资料解释和地形地貌推断出来的深大断裂。

本区老地层中还有北西向、北东向断裂构造，主要发育于葫芦河群和李子园群，规模都不大。在温家峡发育一条北北东向韧性剪切带，是区分秦岭群和葫芦河群的界限。在伯阳以北地段，有两条北西向断层，这是海西期和印支期二长花岗岩的分界断裂，二长花岗岩正是沿着这条断裂充填而成。

本区岩石经历了长期的构造运动，岩石中的断裂、节理、劈理等密度很大，很难找到块度很大的岩石，即使是在刚性很强的花岗岩中，也难于找到适合开采的"花岗岩板材"，如辽家河坝和别川河地段都可以看到正长花岗岩中多组方向的劈理。

2. 褶皱

天水地区老地层都呈单斜构造，由于出露程度很低，无法系统观测，未见有较大褶皱。新地层都是古生代以后的陆相沉积层，很少发生褶皱现象，但在渭河峡口的下元古界秦岭群地层中见有小的向斜构造(图1-11),这是泥岩和粉砂岩在水平推挤作用下,受到右侧刚性大理岩阻挡形成的向斜构造。

图1-11　天水渭河峡口向斜(图中右下方为大理岩)

三、岩浆岩

天水地区岩浆岩分为侵入岩和喷出岩,喷出岩仅在伯阳北部有喜马拉雅山期喷出的渣状酸性和基性熔岩和火山角砾岩,面积很小。

图1-1东南边部地带是图示范围内最大的花岗杂岩体群,由党川岩体、火炎山岩体、秦岭大堡岩体和百花岩体组成。其中火炎山岩体西部边界附近位于工作区内,其主要岩性为印支期肉红色正长花岗岩($\xi\gamma_5^1$),岩石中"X节理"发育,反映出侵入岩后期仍然受到剪切力的作用。在辽家河坝村附近还有燕山晚期二长花岗岩侵入($\eta\gamma_5^3$)。7615铀矿点位于该岩体的北部边界附近。

实习区南部娘娘坝附近还有柴家庄岩体,为印支期二长花岗岩($\eta\gamma_5^1$),出露面积约8 km²,该岩体外接触带有柴家庄中型金矿床。在贾家河以西地段有一个小岩体,主要岩性是加里东期二长花岗岩($\eta\gamma_3^3$),在清水县上倪村-柏树村以南、以东地段还分布有海西期二长花岗岩($\eta\gamma_4^1$)和印支期正长花岗岩($\xi\gamma_5^1$),是沿北西向断裂构造侵入形成的。

四、矿产

天水附近地区的矿产主要分为3大类,即金矿和铜矿、铁矿和非金属矿产,但大多数矿床不在图1-2的范围内。

1. 金矿和铜矿

金矿主要有麦积区娘娘坝乡北东部的柴家庄金矿、党川乡东南部夏家坪一带和东部吊坝子-新民农场附近。其中只有吊坝子附近的金矿是石英脉型金矿,肉眼可见明金,其余为热液蚀变岩型金矿或类卡林型金矿,肉眼无法看到自然金。在麦积区麦积乡东北部还有一个金矿点,其前景不大。

在天水南部两旦河—太阳山之间的上泥盆统地层中产有太阳山铜矿点。在清水县南部与麦积区交界附近和麦积区南部各有一个铜矿点,经有关部门勘查,其前景不大。

2. 铁矿

在清水县上倪村-柏树村附近有3个铁矿点,都是矽卡岩型铁矿,在铁的价格较高时期,有开采价值。

3. 非金属矿产

1) 宝石类

在武山县鸳鸯镇和清水县与麦积区交界的上倪村附近,分别产有鸳鸯玉和庞公石,这些玉石矿产都是基性喷出岩中含镁的橄榄石矿物经热液变质而形成的蛇纹石,具有一定的开采价值,其中武山县的鸳鸯玉知名度较高。

2) 建材类

武山县鸳鸯镇附近产有水泥用石灰岩,清水县别川河产有白云岩(制作大白粉),其余制作砖瓦用的黏土等,具有一定的经济价值。

复习思考题

1. 甘肃省东南部地区在中国大地构造划分中位于哪几大板块构造的结合部?
2. 甘肃省东南部地区,在地质学和大地构造划分中为什么称作"西秦岭地区"?
3. 西秦岭构造划分的南界和北界分别叫什么名字?这样划分的依据是什么?
4. 什么叫西秦岭构造的二分法和三分法,二分法和三分法的具体界线有哪些?结合图1-1说明。
5. 西秦岭地区南部有一个特殊的"地质体",称作什么?它的边界分别是哪些深大断层?其边界上有一个超大型金矿,叫什么名字?结合图1-1说明。
6. 秦岭海槽是什么时候形成的?秦岭海槽接受的沉积物,大部分是哪个时代的?为什么说是这个时代接受沉积物,有哪些证据?
7. 秦岭海槽形成后一直都在接受沉积物吗?秦岭海槽在古生代处于一个什么环境中?秦岭海槽大部分地段在整个古生代经历了几个构造旋回?怎么知道秦岭海槽地区的"海进"和"海退"?

8. 秦岭海槽是在什么时候才从"沧海"变成"桑田"的？从"沧海"到"桑田"是在哪两种地质作用下完成的？

9. SHRIMP测试利用哪种矿物进行测试？这种测试的原理是什么？测试的大致步骤有哪些？这种测试对西秦岭地区的地层年龄研究有什么意义？

10. 以前研究礼县马泉金矿成矿物质来源时曾推断"金矿质"来源于"李子园群"，SHRIMP测试又是怎样证实了这个推断的正确性？

11. 以前的资料说"礼县中川岩体"主要是印支期侵入的，为什么现在又说它主要是"燕山早期"侵入的，这种说法的主要证据有哪些？

12. 西秦岭地区最古老的岩石是哪个时代的？主要岩性是什么？

13. 地质时代跨在元古代-早古生代的地层有哪两套？具体岩性有哪些？

14. 为什么说"天水是结石病高发区"？试从天水结晶基底的主要成分上说明"高发"的原因。

15. 怎样从岩层的外观上区分老地层？老地层有哪些特点？试从岩层的产状、矿物成分、结构构造上判断。

16. 怎样从岩层的外观上区分新地层？新地层有哪些特点？试从岩层的产状、矿物成分、结构构造上判断。

17. 天水地区有很多深大断裂，有哪些证据能够证明深大断裂的存在？

18. 西秦岭地区有很多侵入岩，具体地点都有哪些？

19. 党川岩体、火炎山岩体、秦岭大堡岩体和百花岩体分别是哪个造山运动时期的产物？这4个岩体之间有什么联系？它们的主要岩性分别是什么？

20. 党川岩体、火炎山岩体、秦岭大堡岩体和百花岩体中，哪个发现有超大型铷矿？这个铷矿在什么位置？它是哪个单位发现的？

21. 天子山岩体和木其滩岩体分别是哪个时代侵入的？侵入的地层是什么？它们的周边又哪些矿产？

22. "五朵金花"是指哪五个岩体？为什么称作"五朵金花"？

23. 西秦岭地区有哪几个"超大型金矿"，具体位置都在哪儿？

24. 有哪些证据证明"川陕甘金山角"的存在？

25. 西秦岭地区哪里产银子？哪个金矿具有"伴生银"的找矿潜力？

26. "全国第二大铅锌基地"具体位置在哪儿？它由哪些大型、超大型铅锌矿床组成？

27. 邓家山铅锌矿是怎样形成的？结合图1-4说明它的成矿特点和找矿标志。

28. 甘肃省东南部地区有哪些铜矿？

29. "甘肃锑厂"在哪里？

30. 甘肃省东南部地区最大的铁矿在哪里？为什么至今没有开采？

31. 甘肃东南部的放射性矿产主要集中在哪两个区域？这些区域的铀矿主要类型是什么？

32. 金矿与铀矿为什么存在"同带异位"现象？试从这两种元素的地球化学习性的角度分析一下。

33. 礼县中川地区有哪三个小型铀矿床，分别是什么类型的？结合图1-2说明。

34. 天水市哪两个地方产"玉石"？这些"玉石"的主要成分是哪种矿物？它们产于哪种地质环境下？

35. 西秦岭地区为什么没有煤矿，只有金属矿产？

36. 原来的"牛头河群"被解体成为哪两套地层？这些地层被确定是哪个时代的？具体岩性有哪些？

37. 离天水市最近的构造带蚀变岩型金矿是哪个？它的成矿与哪个岩体有关？

38. 天水地区的"二区五县"，哪里产"石英脉型金矿"？

39. 麦积山和仙人崖景区的"独立峰"地貌是怎样形成的？地质上将这种地貌称作什么地貌？

40. 吕二沟的"假石林"是怎样形成的？"假石林"发育于哪些地层？"假石林"的存在对水土保持有哪些危害？

实习情境二　天水地区地质认识实习指导书

相关知识

(1)地质罗盘是开展野外实习的简单工具,不仅可以定点,还能测量线性构造的产状。GPS可以定点,定点的精度高于罗盘,但不能用于测量产状,所以不在这里讲述。罗盘的使用,不仅是工具的用法,更重要的是辨别地理位置。罗盘的使用可以将你所处的位置与地质图上的位置联系起来,也就是在地形图上首先要知道"我在哪儿"(我在图上的哪儿),这样才不至于"走丢",所以罗盘的使用尤其重要。

(2)使用罗盘测量产状,首先要确认产状"三要素":①走向,岩层层面与水平面所交的直线,这是平面角,并且有两个,测量范围是0°~360°。②倾向——岩层的倾斜方向,即岩层层面法线在水平面上的投影方向,所以倾向始终垂直于走向,并且"走向=倾向±90°";倾向也是平面角,测量范围是0°~360°。③倾角——岩层倾斜面与水平面的最大夹角,这是立体角,测量范围是0°~90°。

(3)节理和断层的测量方法与岩层产状的测量方法相同。

(4)袁家河实习路线需要的知识。①学习有关"测量产状的方法"。②学习泥盆统舒家坝群的基本岩性。③板岩:属于浅变质岩类,即原来具有层理的泥质岩石或砂质岩石经浅变质后形成有板状构造的岩石。④千枚岩:属于中等变质程度的岩石,即原来的泥质岩石经变质作用后,将原来的泥质成分转变为鳞片状白云母,并定向排列形成"丝绢光泽",称作千枚岩。⑤石香肠构造:粉砂质板岩和泥质板岩中出现砂岩团块,在成岩过程中,泥质岩石被挤压成泥质条带包裹砂岩团块,形成"石香肠"构造。⑥正平移断层:断层既有水平方向的位移,也有垂直方向的位移,并且水平方向位移明显大于垂直方向的位移。

(5)吕二沟实习路线需要的知识。①"新近系"和"古近系"属于新生代陆相沉积岩,常见紫红色砂砾岩、杂色砂岩、砂泥岩等。"新近系"和"古近系"地层胶结物少而疏松,容易剥落,若坡度较大的地段,可被定向流水冲刷,形成"假石林",在天水地区的黄土层下面广泛分布。②飞来峰:地质推覆作用,使白垩系老地层,被推覆到新近系地层之上,形成飞来峰。

(6)高家湾后山实习路线需要的知识。①正断层:上盘相对向下运动的断层。②褶皱的概念:塑性岩石在水平挤压下弯曲的现象。③白垩系地层:在这里表现为灰白色、浅褐色和浅黄色、浅灰色、浅黑色泥岩,或泥质粉砂岩。灰白色表示其中铝质成分较高,原岩成分以纯净的高岭土为主;浅褐色和浅黄色是由于白色高岭土中含有铁质所致;浅灰色由于白色高岭土中含有绿泥石和海绿石所致;浅黑色是由于岩石中含有有机质所致。

(7)阳坡实习路线需要的知识。①滑坡的形成和危害:地表疏松层,在某些因素(下雨、深部有软弱面)的诱发下产生滑坡,滑坡体有大有小,巨大的滑坡通常造成重大的财产损失和人员伤亡,必须引起足够的重视。②推覆构造:老地层在外力作用下被推移到新地层之上,形成推覆体,推覆体与下伏岩层之间的构造面称推覆构造面。③河流三角洲的形成:河流由山口冲出后,由于地形突然由陡变缓,河流所携带的沉积物快速沉积,形成从河口较粗向远端较细的规律性沉积堆积,形成了"河流三角洲"。

(8)渭河峡口实习路线需要的知识。①不整合接触关系,即原来海底形成的水平岩层,经构造运动被抬升,再经水平挤压转化为倾斜岩层,后又遭到剥蚀,在若干年以后被再次形成的水平岩层覆盖,在新老地层之间形成"角度不整合面"。②侵入接触关系:地球深部熔融状态的岩浆沿地壳破裂面上升侵入到其他岩石中形成侵入岩,这些侵入岩被构造运动抬升,在地表附近就能见到这种侵入接触关系。③石墨的形成:原来在地表形成的富含有机质的沉积物,被压实、固结成岩,再被深埋,原岩中的有机物经变质作用,将 H、O、N 等元素迁出,造成 C 质富集,这种碳质本来是"无定形碳",在高温、高压、缺氧环境中进一步变质,形成石墨。④河流、河漫滩和阶地:河流中在洪水期能够被河水淹没的地段称"河漫滩";河流下切作用导致原来的河漫滩变成阶梯状地形,称"阶地";一般河流都有多次下切,造成多个阶梯,按照阶地与水面的距离高低,用罗马数字标出,如Ⅰ级阶地、Ⅱ级阶地、Ⅲ级阶地等。

(9)牛头河实习路线需要的知识。①变质岩中的石榴子石:原岩中的硅质、铁质、镁质、铝质、钙质等成分在变质作用中重新结晶,形成石榴子石,所以石榴子石又分为钙铝榴石、铁铝榴石、镁铝榴石等,颜色变化由浅入深,常见"鸡血红",若透明度好、颜色鲜艳的石榴子石可以做宝石。石榴子石属于典型的变质矿物,大部分由接触变质作用形成,常与透辉石、绿帘石、蓝晶石、硅灰石伴生,所以含有石榴子石的岩石一定是变质岩,但有些变质矿物较少的岩石(轻微变质岩)依然按原岩命名,这类岩石在原岩前加"变"字,如"变砂岩""变泥岩""变花岗岩"等。②基性岩脉:地球深处的含铁镁质成分较高的熔融态岩浆从断裂带或岩层的软弱面侵入形成。由于基性岩浆温度高、黏性差,易于流动,流出地表可形成"熔岩被",沿岩石层理侵入可形成"岩墙"。在岩墙边部,由于热烘烤作用而造成围岩的变质作用,如白云石可变质形成蛇纹石。③花岗岩和混合花岗岩:常见的花岗岩是由于地表的硅铝质岩石经深埋,在高温高压下形成熔融体(岩浆),原岩的结构和构造彻底改变,在某种地质作用下,从深部向上侵入某些岩石,形成以长石和石英为主的花岗岩,花岗岩是由于岩浆中的硅酸根过多,阳离子较少,无法形成硅酸盐矿物,多余的硅酸根转化为石英(SiO_2属于氧化物),花岗岩中往往见到半自形的长石被石英填隙而形成"花岗结构",花岗岩因此得名。混合花岗岩的形成过程与花岗岩相似,只是岩石是在"半熔融"状态下再次结晶,所以保留了原岩的部分结构和构造,称为混合花岗岩。从严格意义上讲:花岗岩属于岩浆岩,而混合花岗岩属于变质岩,比混合花岗岩变质程度更浅的就是"混合岩"和"片麻岩",也以长英质成分为主,含少量云母、绿泥石、角闪石等矿物。④断层中的阶步:刚性较强的岩石(如混合花岗岩和混合岩、花岗岩等)受到张力或剪切力的作用形成断层,断层面并不平滑,含有一系列的"台阶状"断面,称阶步。阶步的朝向指向对盘的运动方向,所以从阶步的朝向可以判断断层的两盘的相对运动方向,从而判断断层的性质。⑤碳酸盐岩表面的铁染现象:灰岩、白云岩和大理岩等碳酸盐岩在近地表被酸性水溶解,使原来不溶于水的 $CaCO_3$ 转化为溶于水的 $Ca(HCO_3)_2$,并被流水带走,造成碳酸盐岩的快速风化,而原来含在碳酸盐岩中的铁质,被氧化后形成不溶于水的褐铁矿($Fe_2O_3 \cdot nH_2O$)残留在原地,或灌入的碳酸盐岩的裂隙中,形成铁染现象,碳酸盐岩中也有少量铁质在沉积的时候,就与钙质同时沉积,氧化后也变为褐红色,所以碳酸盐中大部分铁质在岩石裂隙中,少数在岩石内部,造成灰岩或大理岩有时呈褐红色。

(10)别川河路线相关知识。①熔结凝灰岩中的假流纹构造:刚刚喷出地表的酸性岩浆,接收了火山喷发形成的火山灰和火山通道周围其他岩石的碎屑,在快速冷凝中,在重力作用下缓慢流动,形成假流纹构造。常见颜色较深、颗粒较大的碎屑,被灰色"流动条带"包裹等现象。②花岗斑岩:这是花岗质岩石上升到近地表环境中快速结晶形成的岩石,岩石中肉红色的钾长石斑晶较多,但基质尚未结晶或属于隐晶质结构,肉眼无法区分矿物颗粒。③火山角砾岩:原来的火山岩和岩石碎屑被后期喷发的熔融态岩浆胶结,形成火山角砾岩。出现火山角砾岩的地点一般位于火山口几百米的范围内。④火山集块岩:这是火山剧烈爆炸时,将原岩炸碎,较大的原岩块体被后来喷出的熔岩胶结,或被后期火山熔岩释放的钙质胶结,形成火山集块岩。出现火山集块岩的位置往往就在火山口附近几十米。⑤矽卡岩型铁矿:酸性侵入岩侵入到碳酸盐岩中,由于碳酸盐岩化学活动性较强,与酸性岩浆岩发生强烈的交代反应,生成透辉石、透闪石、阳起石、硅灰石等矽卡岩矿物,也可形成磁铁矿、黄铜矿等有用金属矿物的堆积,形成矿产。矽卡岩化过程中生成的透辉石、透闪石、阳起石等矿物,若透明度高、纯净度好、颜色鲜艳,可以做宝石。⑥磁铁矿的物理性质:磁铁矿属于铁的氧化物,化学式是 Fe_3O_4,金属-半金属光泽,不透明、无解理,硬度为 5.5~6,密度为 4.9~5.2 g/cm^3。磁铁矿在酸性岩浆岩中以"副矿物"的形式出现,在中基性岩浆岩中含量较高,在超基性岩浆岩中最高,是一种抗风化能力很强的矿物。

(11)温家峡-辽家河坝实习路线相关知识。①深大断裂与温泉的关系:若地壳中存在深大断裂,地下水沿深大断裂渗入深部,被加热,这种热水在压力作用下返回到近地表环境下,形成温泉。所以温泉是深大断裂的证据,并且断裂深度越大,温泉水温越高。如陕西眉县太白山下的汤峪温泉,水温高达 70 ℃,甚至可以煮鸡蛋,事实表明这里是秦岭褶皱带与华北板块的交界线,有深大断裂存在;而温家峡的水温只有 35 ℃ 左右,表示宝鸡-天水断裂的深度远远小于宝鸡-潼关断裂。②大理岩和条带状混合岩:这些都属于下元古界秦岭群(Pt_1q)的老变质岩,其中大理岩的原岩是秦岭海槽浅海沉积的碳酸盐岩(灰岩)经深埋后,其中的细粒方解石重新结晶成为粗粒方解石而形成大理岩;而条带状混合岩的原岩是秦岭海槽滨海沉积的砂泥岩在深埋以后,其中的硅铝质转化为长石或石英形成白色条带,铁锰质与部分硅铝质结合生成暗色矿物条带,才形成条带状混合岩。这里,条带状混合岩常与混合花岗岩共生。③韧性剪切带:这是下元古界秦岭群(Pt_1q)与震旦-中奥陶统葫芦河群下岩组($(Z-O_2)h^a$)的接触线,这是由于两套地层之间受到剪切力的作用,将葫芦河群云母石英片岩破碎形成碎裂岩,秦岭群中条带状混合岩硅质成分更高,在挤压过程中保留了岩石块体,片状矿物云母、绿泥石等具有一定的韧性,易于变形,充填于较大岩石块体之间,形成挤压片理化带,整个构造带是由于剪切作用形成的,所以称"韧性剪切带"。④X节理:硅质含量高的岩石(如混合岩、花岗岩)等受到较大剪切力的作用,超过岩石的承受能力,就会在岩石中形成两组方向的节理,节理之间相互交切,没有明显先后顺序的X节理属于同一期构造运动造成的。反之,则是不同阶段的构造运动的产物。⑤接触带型铀矿:花岗岩、花岗闪长岩等酸性侵入岩中含有的铀元素较其他岩石要多,在花岗岩与其他岩石接触部位,往往产生强烈的交代作用,花岗岩中的铀被酸性水带到接触带等软弱面沉淀,形成接触带型铀矿。如礼县7901和7903铀矿床及辽家河坝7615铀矿点都属于接触带型铀矿,这种铀矿本来属于次生铀矿,但形成后还要经历热液改造,使其中的铀矿石品位更高,形成放射性矿产。

(12)观景台-康家崖路线相关知识。①丹霞地貌:这一带主要地层是白垩系砂砾岩,砂砾岩的胶结物不同,抵抗风化作用的能力差别很大,铁质和泥质胶结的岩石容易受到流水冲刷而坍塌,碎屑物被流水带走,而硅质胶结和部分钙质胶结较坚硬,不易被流水冲刷,不易坍塌,这一带属于盆地,流水冲刷作用长期进行,久而久之,那些硅质胶结的砂砾岩就变成一个一个的孤峰,硅质胶结中存在少量铁质,形成"紫红色砾岩层",这就是丹霞地貌。②震旦-中奥陶统葫芦河群下岩组($(Z-O_2)h^a$)与白垩系砂砾岩之间的角度不整合关系:葫芦河群石英云母片岩中硅质条带较厚,云母层较薄,所以抵抗风化的能力要强于白垩系砂砾岩,这两套地层的时代之间相差2亿多年,不整合面被流水冲刷,形成一条小沟。所以要根据小沟两侧的岩性对比识别不整合面,将产状较陡的老地层与水平地层之间画成角度不整合接触关系。

实习任务一　罗盘的使用

实习任务

(1)识别地质罗盘各部分构件及其功能。

(2)能够通过罗盘辨识自己的地理位置,学会测量平面角(方位)和立体角(倾角)。

(3)学会使用罗盘定位。
(4)学会罗盘测量岩层产状。

地质测量过程中,经常要使用地质罗盘,如测量目标的方位、岩层空间位置、山的坡度。使用地质罗盘仪是地质工作者必须掌握的工具。地质罗盘仪式样较多,但原理和构造大体相同。

一、地质罗盘仪的基本构造和识别

罗盘一般由磁针、磁针制动器、刻度盘、测斜器、水准器和瞄准器等几部分组成,安装在一个非磁性底盘上(如图 2-1)。

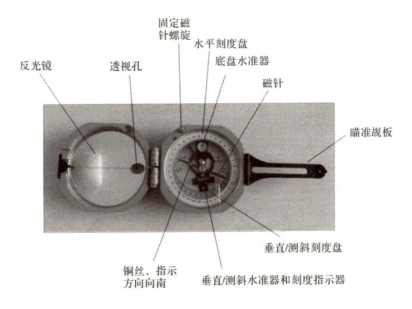

图 2-1 地质罗盘的基本结构

磁针为一个两端尖的磁性钢针,其中心放置在底盘中央轴的顶针上,以便灵活地摆动。由于我国位于北半球,地球磁场矢量方向与地面斜交(有磁倾角)。为使磁针处于水平状态,在磁针的南端绕上若干圈铜丝,用自然重力使磁针处于水平自由活动状态,亦可以此来区分指南和指北针。

磁针制动器,这是在支撑磁针的轴下端套着的一个自由环,此环与制动小螺丝以杠杆相连,可使磁针离开转轴顶针并固结起来,以便保护顶针和旋转轴不受磨损,保持仪器的灵敏度,延长罗盘的使用寿命。

刻度盘,可分内(下)和外(上)两圈,内圈为垂直刻度盘,专作测量倾角和坡度角之用,以中心位置为 0°,分别向两侧每隔 10°一记,直至 90°。外圈为水平刻度盘,其刻度方式有两种,即方位角和象限角,随不同罗盘而异,方位角刻度盘是从 0°开始,逆时针方向每隔 10°一记,直至

360°。在 0°和 180°处分别标注 N 和 S(表示北和南);90°和 270°处分别标注 E 和 W(表示东和西),如图 2-2 所示。象限角刻度盘与它不同之处是 S、N 两端均记作 0°,E 和 W 处均记作 90°,即刻度盘上分成 0°~90°的四个象限。

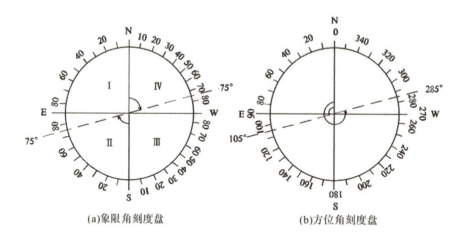

(a)象限角刻度盘　　　　　(b)方位角刻度盘

图 2-2　地质罗盘的刻度盘

必须注意:方位角刻度盘为逆时针方向标注。两种刻度盘所标注的东、西方向与实地相反,其目的是为了测量时能直接读出磁方位角和磁象限角,因测量时磁针始终指向正北方向,移动的却是罗盘底盘。当底盘向东移,相当于磁针向西偏,故刻度盘逆时针方向标记(东西方向与实地相反)所测得读数即所求。在具体工作中,为区别所读数值是方位角或象限角,可按下述方法区分:如图 2-2 的测线位置相同,在方位角刻度盘上读作 285°,记作 285°,在象限角刻度盘上读作北偏西 75°,记作 N75°W。如果两者均在第一象限内,例如 50°,而后者记作 N50°E 以示区别。

当北针指向 0°~90°时,"北东"(记作 NE),指向 90°~180°时称为"南东"(记作 SE);指向 180°~270°时称为"南西"(记作 SW),指向 270°~360°时称为"北西"(记作 NW);地质上以"北"方位为主方位,以"南"方位为次主方位,所以一般将"北"或"南"放在首位,称"北东""北西""南东"或"南西",而不称"东北""西北""西南"或"西北"。

测斜指针(或悬锤),这是测斜器的重要组成部分,它放在底盘上,测量时指针(或悬锤尖端)所指垂直刻度盘的度数即为倾角或坡度角的值。

水准器,罗盘上通常有圆形和管形两个水准器,圆形者固定在底盘上,管状者固定在测斜器上,当气泡居中时,分别表示罗盘底盘和罗盘含长边的面处于水平状态。

瞄准器,包括接目和接物觇板、反光镜中的细丝及其下方用来瞄准测量目的物(地形和地物)的透明小孔。

二、地质罗盘仪的使用方法

罗盘使用前需作磁偏角的校正,因为地磁的南、北两极与地理的南、北两极位置不完全相符,即磁子午线与地理子午线不重合,两者间的夹角称磁偏角。地球上各点的磁偏角均定期计算,并公布以备查用。当地球上某点磁北方向偏于正北方向的东边时,称东偏(记为+);偏于西边时,称西偏(记为-)。如果某点磁偏角(δ)为已知,则一条测线的磁方位角($A_{磁}$)和正北方位角(A)的关系为 $A = A_{磁} \pm \delta$。图 2-3(a)表示 δ 东偏 $30°$,且测线所测的角亦为 $NE30°$ 时,则 $A = 30° + 30° = NE60°$;图 2-3(b)表示 δ 西偏 $20°$,测线所测角为 $SE110°$,则 $A = 110° - 20° = 90°$。为工作上方便,可以根据上述原理进行磁偏角校正,磁偏角偏东时,转动罗盘外壁的刻度螺丝,使水平刻度盘顺时针方向转动一磁偏角值则可(若西偏时则逆时针方向转动)。经校正后的罗盘,所测读数即为正确的方位。天水地区的磁偏角是西偏 $2°12'$,所以一般将罗盘调整为西偏 $2°$ 即可。

对方向或目的物方位进行测量时即测定目的物与测者两点所连直线的方位角。方位角是指从子午线顺时针方向至测线的夹角(如图 2-3(c)所示)。首先放松磁针制动小螺丝,打开对物觇板并指向所测目标,即用罗盘的北(N)端对着目的物,南(S)端靠近自己进行瞄准。使目的物、对物觇板小孔、盖玻璃上的细丝三者连成一直线,同时使圆形水准器的气泡居中,待磁针静止时,指北针所指的度数即为所测目标的方位角。

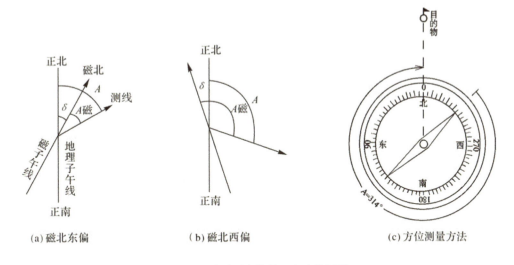

(a) 磁北东偏　　　(b) 磁北西偏　　　(c) 方位测量方法

图 2-3　地质罗盘的校正和方位测量

三、岩层产状要素的测定

岩层的空间位置由其产状要素决定,岩层产状要素包括岩层的走向、倾向和倾角(见图 2-4)。

岩层走向的测量:岩层走向是岩层层面与水平面相交线的方位,测量时将罗盘长边的底棱紧靠岩层层面,当圆形水准器气泡居中时读指北或指南针所指度数即为所求(因走向线是一直线,可两边延伸,故读南、北针均可)。

岩层倾向的测量：岩层倾向是指岩层向下最大倾斜方向线(真倾向线)在水平面上投影的方位。测量时将罗盘北端指向岩层向下倾斜的方向，以南端短棱靠着岩层层面，当圆形水准器气泡居中时，读指北针所指度数即所求。若在岩层的下层面测量，则要读指南针。

岩层倾角的测量：岩层倾角是指层面与假想水平面间的最大夹角，称真倾角。真倾角可沿层面真倾斜线测量求得，若沿其他倾斜线测得的倾角均较真倾角小，称为视倾角。测量时将罗盘侧立，使罗盘长边紧靠层面，并用右手中指拨动底盘下的活动扳手，同时沿层面移动罗盘，当管状水准器气泡居中时，测斜指针所指最大度数即岩层的真倾角。若测斜器是悬锤式的罗盘，方法与上述方法基本相同，不同之处是右手中指按着底盘外的按钮，悬锤则自由摆动，当达最大值时松开中指，悬锤固定所指的读数即岩层的真倾角。在野外实际测量时，很多同学辨别不了岩层面上究竟哪个方向才是最大倾斜方向(不在最大倾斜度上测得的倾角都是视倾角)，这时，最简单易行的方法是：将水滴在层面上，看水流的总体方向，然后将罗盘的长边顺着水流的方向，即可测量出真倾角。

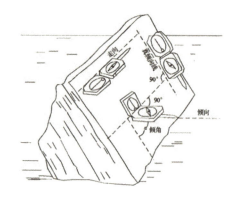

图2-4 岩层产状要素及其测量方法

岩层产状的记录方法：如用方位角罗盘测量，倾向为240°，倾角为50°，记做240°∠50°(即只记倾向与倾角即可)。如果用方位角罗盘测量，但要用象限角记录时，则需把方位角换算成为象限角，再作记录。由倾向可以算得地层走向是240°±90°，即330°或150°。在地质图或平面图上标注产状要素时，需用符号和倾角表示。首先找出实测点在图上的位置，在该点按所测岩层走向的方位画一小段直线(3～4 mm)表示走向，再按岩层倾向方位，在该线段中点作短垂线(2 mm)表示倾向，然后，将倾角数值标注在断线符号的位置。

实习任务二　皂角袁家河地质实习路线

实习任务

(1)掌握用罗盘测量产状、用交汇法定点等基本技能。
(2)观察中泥盆统舒家坝群板岩、千枚岩等中等或浅变质岩中的"石香肠"构造。
(3)观察断层擦痕，学会判断断层两盘运动方向。
(4)观察公路旁的滑坡，初步分析滑坡原因，并提出预防滑坡和治理滑坡的简单方案。
(5)按照规定的岩石花纹绘制"'石香肠'构造素描图"。

一、实习位置

天水-陇南公路皂角乡袁家河村附近。

二、实习路线

从学校乘 1 路或 4 路公交车,到"迎宾馆"站下车,向北沿合作北路走约 300 m,到新华路盛源小区门口,转乘 7 路车,到"袁家河南"站下车即到。实习路线全长约 300 m。

三、实习内容

(1)练习用罗盘测量方位和岩层产状;注意观察、辨认岩石的结构面。

(2)观察中泥盆统舒家坝群(D_2s)浅变质岩类岩石的特征。

(3)观察描绘"石香肠"构造,分析其成因。

(4)观察"正平移断层"擦痕,判断断层两盘的相对运动方向。

(5)观察单斜岩层形成的单面山、河谷地貌等特征。

(6)观察天水-陇南公路旁边的滑坡现象,分析滑坡原因。

四、观察点

No.1

位置:袁家河小学 185°方向约 150 m 处。

1. 罗盘使用

(1)用罗盘练习测量袁家河村小学楼顶电视天线位置。

(2)用罗盘测量袁家河村北和村南山顶、"电线杆"—实习地点的坡度角。

(3)判断实习点"粉砂质板岩"的产状(走向、倾向、倾角),并用罗盘测量岩层产状和节理产状,分别在正面和背面测量,每个小组至少要测量 5 组产状。用规范的记录方法记录产状,注意:一定要分清哪个是节理产状,哪个是岩层产状,不同位置测量的岩层产状可能略有差异,这是正常现象。

2. 岩性观察

(1)观察中泥盆统舒家坝群粉砂质板岩、泥质板岩和千枚岩的结构,这里主要是砂状结构、泥质结构、鳞片变晶结构(千枚岩),中厚层状结构。观察岩石构造,这里的板岩主要是板状构造,这是因为原来的泥质和粉砂质岩石经过变质作用后,其中的砂质成分重结晶组成较厚的"板理",就像木板一样层层叠叠垒起来一样,所以称为"板岩"。千枚岩主要是千枚状构造,主要是因为原岩中的泥质变质成为细小的鳞片状白云母,并定向排列所致,这些岩石具有"丝绢光泽",

所以称为"绢云母";此外,厚层砂岩主要是块状构造,岩石块体较大,用地质锤无法敲击出 3 cm×6 cm×9 cm 的标本。

(2)观察"石香肠"构造,分析"石香肠"构造成因(图 2-5 和图 2-6)。

图 2-5　袁家河实习点岩层产状测量和"石香肠"构造　　图 2-6　袁家河实习点"石香肠"构造细节

(3)观察单斜岩层形成的单面山、河谷地貌等特征。

(4)观察岩石节理和其中充填的晚期石英脉。

(5)观察岩壁上的榆树根,可见其深入扎根于岩石节理,对岩石的完整性起破坏作用,这是典型的物理风化现象。

3. 要求

(1)观察并描述中泥盆统舒家坝群(D_2s)地层的层理构造,测量岩层产状,掌握产状测量方法;识别岩石类型及其特征,认识灰白色千枚岩、灰白色粉砂质泥质板岩、变质砂岩("石香肠")等。

(2)观察"石香肠"构造特征,"软"和"硬"岩石受力后的形变差异,分析其形成原因。

(3)观察岩石节理方向及其分布特征,分析岩石受力方向;观察节理中的充填物,分析节理中充填的石英脉与原岩之间的时间关系。

(4)在指导教师指导下,用地质素描图将"石香肠"构造及板岩类岩石反映出来(请参考图 2-7)。

(5)观察辨别变质岩中的变余交错层理、变余砂状结构。

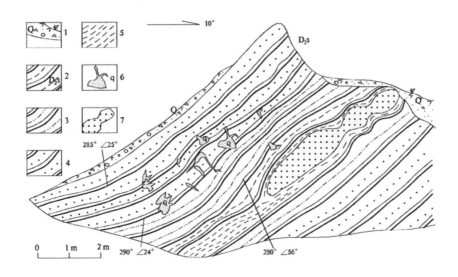

1—第四系坡积物；2—中泥盆统舒家坝群泥质板岩；3—泥质粉砂质板岩；
4—粉砂质板岩；5—千枚岩；6—石英脉；7—石香肠。

图 2-7 袁家河实习点板岩和"石香肠"构造素描图

No.2

位置：从 No.1 点沿河向南约 60 m 处。

实习内容：

观察变质砂岩中的正平移断层，要求如下所示。

(1) 观察断层：断层上盘面上有明显的擦痕，从擦痕上判断，断层上盘水平运动的位移，明显大于垂向位移，并且上盘下降，所以该断层属于正平移断层。

(2) 观察断层两盘的岩性特征，可见上盘岩石，主要是土黄色砂岩、砂质板岩和少量泥质砂岩，岩石中硅质成分约占 90%，所以岩石坚硬，抵抗外力的作用较强；断层下盘被流水冲出，可见主要是紫红色、土黄色泥岩、泥质板岩等，这类岩石抵抗风化的能力较弱，所以下盘岩石大部分被流水侵蚀带走，形成陡坎。

(3) 量取岩层产状，约 230°∠70°，不同位置所量取的产状略有差异，将此产状与 No.1 点岩层产状进行对比，描述和记录岩石特点。

(4) 观察岩层中微切层的正平移断层及其擦痕，用手摸一下断层面的光滑程度，感受一下向哪个方向更光滑一些？判断断层两盘的运动方向，用罗盘量取断层产状并记录这些地质现象。

No.3

位置：No.1 南约 300 m 处，公路上。

实习内容：滑坡观察。

实习要求：

(1)观察滑坡体的物质成分,这里主要是黄土、红土、泥盆系地层碎屑。

(2)粗略估计滑坡体的体积大小,估算滑坡体的土石重量。

(3)分析滑坡形成原因,要结合"修公路"这一客观事实,这是滑坡形成的诱发因素,主要因素是黄土与泥盆系风化层之间存在软弱面,再经过修公路时挖去边坡,形成重力失衡,导致滑坡产生。

(4)针对这一滑坡,结合现有条件,提出进一步治理滑坡的方法。

No.4

位置：No.1 北约 500 m 处,东侧岔沟(段家沟)小路上。

实习内容：

(1)岩石类型及特征。

(2)构造类型及特征。

实习要求：

(1)观察认识厚层紫红色粉砂岩(褪色后变为橘黄色)和薄层砂岩、泥质粉砂岩及其拖拉褶皱。

(2)观察断层破碎带,注意描述断裂带特征,确定断层性质。

思考题：

(1)由 No.1、沿途和 No.2 点观察、测量的岩层(地层)产状变化规律,分析沉积变质岩原岩形成时所处的沉积环境。

(2)在大面积覆盖区,观察规模较大的褶皱应注意哪些问题？

(3)如何防止滑坡的进一步发展？应该采取哪些措施？

实习任务三　吕二沟地质实习路线

实习任务

(1)学会观察砂砾岩中砂、砾石的相对比例。

(2)学会观察砂砾岩的胶结物,能够根据岩石的坚硬程度和颜色区分硅质胶结、钙质胶结、铁质胶结和泥质胶结。

(3)根据观察,学会识别"飞来峰"构造,并分析其成因。

(4)根据观察,学会判断正断层,并分析断层成因。

(5)根据现有河沟的淤积情况,判断以前的泥石流情况。

(6)根据观察,分析"土林地貌"的成因,对"水土流失"的危害,要有足够的认识。

一、位置

天水市南山路石马坪吕二沟。

二、路线

从学校乘坐4路公交车,到"第一驾校"站下车,从"大众南路"向南步行到"羲皇大道",再向东步行200 m,转向"吕二南路",或乘坐9路车到"眼科医院"下车,转"吕二沟南路",向南步行2 km左右到达"天水市屠宰场",继续向南,朝吕二沟进发约1 km到达第一个实习点。实习路线全长约2 km。

三、实习内容

(1)观察新近系的土黄色、灰白色砂砾岩,根据岩石颜色和结构区分其中的胶结物;观察吕二沟白垩系砂砾岩与新近系砂砾岩的结构、构造的差别,并分析原因。

(2)观察吕二沟两侧的槐树及土层状况,分析判断滑坡的存在。

(3)观察吕二沟白垩系地层被推覆的新近系地层之上,形成的"飞来峰",绘制素描图反映这种地质现象。

(4)观察吕二沟东支沟的泥石流淤积情况。

(5)观察新近系中由于重力失衡而产生的高角度正断层,并绘制素描图反映这一地质现象。

(6)观察土林(假石林)和黄土柱地貌,分析其成因,通过素描图反映这种地貌景观。

四、观察点

No.1

位置:天水市屠宰场200°方向650 m沟内,"耕读第南山园"向北约450 m(图2-8)。

图 2-8 吕二沟第一个观察点

实习内容：

(1)观察描述新近系灰白色、黄褐色砂砾岩中砾石的大小及各种粒径所占比例。

(2)从砂砾岩的颜色分析胶结物的种类(褐色代表"铁质胶结"较多、灰白色代表"钙质"胶结较多、土色代表"泥质"胶结较多)，通过岩石疏松程度估计胶结物含量。

(3)观察砂砾岩层理近水平，从较大砾石的长轴方向，判断地层产状，分析此处岩石容易遭到风化剥蚀的原因。

(4)通过仔细观察，了解岩石中的"砂"和"砾石"的相对比例。

No.2

位置：天水市吕二沟进沟 3 km，"南山园"门口，距屠宰场 750 m 处。

实习内容：

(1)观察沟两侧的槐树歪斜的程度。

(2)观察沟帮子底部被流水掏空的程度和山坡上草皮被拉断的情况，判断两边滑坡情况。根据地形和两岸陡坡判断自然滑塌作用。东侧地形较陡，可见树木有向西倾斜的迹象；西面地形较缓，有树木向东倾斜的迹象，这种现象称为"醉汉林"，表明树木下方泥土有向下滑动的现象，但树木对疏松的砂石有一定的稳固作用才导致"醉汉林"的形成。

(3)画一张素描图，反映滑坡情况。要求：有剖面方位、图例、比例尺、滑坡面、滑塌物、"醉汉林"等基本信息(参考图 2-9)。

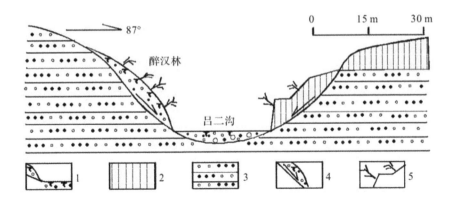

1—第四系坡积物;2—黄土;3—新近系砂砾岩;4—滑坡体;5—"醉汉林"。

图 2-9 吕二沟滑坡素描图

思考题:

吕二沟此处为什么会形成滑坡?这种滑坡与河流的冲刷和搬运作用有没有联系?

No.3

位置:骏睿驾校门口,距屠宰场向南 1.5 km 处。

实习内容:

(1)观察主沟西侧白垩系砂砾岩。可见白垩系砂砾岩结构致密,粗砂约占 60%,砾石约占 30%,其余为硅质和钙质胶结物,这些胶结物抗风化能力很强,因而岩石坚硬,不易崩塌。而新近系砂岩胶结物少,且主要为铁质和泥质胶结,所以疏松,易于被流水冲刷。白垩系地层上面还覆盖有第四系黄土。

(2)新近系砂砾岩时代很新,距今大约 2300 万年,而白垩系砂砾岩时代较老,距今约 1 亿 3500 万年,但白垩系老地层覆盖在新近系新地层上面,这是典型的"飞来峰"地质现象,是由于原来的白垩系地层被地质作用力推移到这里的,白垩系地层与下面的新近系地层之间肯定是断层接触关系。

(3)观察河床中的砾石,可见大量石英、基性斜长石、辉石、方解石、白云母等碎屑,这些碎屑物应来源于上游古老基底(下元古界秦岭群)长英质混合岩、碳酸盐岩或基性岩浆岩脉。只有抗风化能力强的矿物才能保留下来。

(4)观察砂岩、砂砾岩的特征,根据砾石的磨圆程度分析判断砾石的来源和碎屑物质搬运的距离。

(5)观察吕二沟"飞来峰"现象,绘制一张"吕二沟骏睿驾校'飞来峰'地质现象素描图"(可参阅图 2-10)。

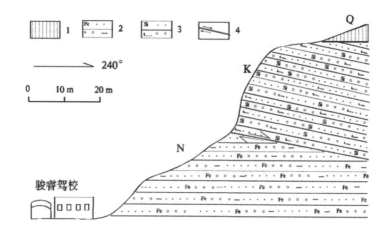

1—第四系黄土;2—新近系铁质-泥质胶结的砂砾岩;3—白垩系钙质-硅质胶结的砂砾岩;4—断层

图 2-10　吕二沟骏睿驾校"飞来峰"地质现象素描图

思考题:
(1)砂砾岩为什么呈现韵律,不同粒度的颗粒所处的位置有什么规律,观察砾石磨圆度有什么用处?
(2)分析钙质胶结物的钙质来源。
(3)吕二沟为什么会形成滑坡?这种滑坡与河流的冲刷和搬运作用有没有联系?
(4)什么叫"飞来峰",它是怎样形成的?

No.4

位置:骏睿驾校东支沟约 350 m 处。

实习内容:

(1)泥石流认识:此处属于峡谷地段,2008 年出现滑坡堵塞小沟,形成堰塞湖,堰塞湖溃坝造成泥石流下泄,填塞此小沟大部分地段,由于稀泥浆铺满该小沟,造成当年地质认识实习无法进入,现仍然可见原来泥石流的部分残体,观察该残留体。2020 年,有关部门已经在此修筑了拦渣坝,防止泥石流对骏睿驾校及下游大坪村造成地质灾害。

(2)正断层识别:此处是由于峡谷底层被流水掏空,导致重力失衡,形成现代断层。断层发育于新近系砂砾岩中,断层面有少量断层泥,用素描图将断层表现出来,要求:反映断层面产状、两盘相对运动方向等基本信息(请参阅图2-11)。

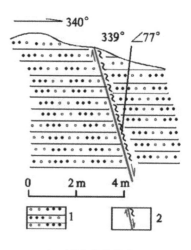

1—新近系砂砾岩;
2—正断层及断层泥。

图 2-11　吕二沟正断层素描图

(3)土林地貌识别：该处土林，由新近系(N)浅桔红色含砾粗砂岩和砂岩层。呈厚层状，分选性差，成熟度低，胶结疏松，垂直节理发育。这样的地层在一定的地质环境中，受季节性的雨水淋蚀冲刷，胶结物较少的垂直节理所在部位不断得到拓宽、加深，加之特殊的物质组成，就形成了土林地貌(图2-12)。在教师指导下，将假石林用素描图表现出来。

图2-12　吕二沟假石林地貌

单从旅游的角度来看，土林地貌是难得的地貌景观。但是，这样的地区水土流失严重，这种地形又称做"劣地形"，对工业、农业设施的建设和发展、水土保持等是极其不利的。

黄土柱是由于黄土的垂直节理发育（至少发育两组平行节理），在雨水淋蚀、冲刷作用及其自身的崩塌作用下形成的(图2-12)。

实习任务四　高家湾后山地质实习路线

实习任务

(1)学会观察白垩系泥岩中的系列正断层。
(2)学会观察白垩系泥岩中的褶曲，并分析形成原因。
(3)学会观察白垩系泥岩与新近系砾石层之间的假整合关系。
(4)根据泥岩颜色不同，判断泥岩成分的差别。

(5)绘制素描图两张,要反映出泥岩中的正断层、褶曲,并将砾石层、黄土等地质体用规定的花纹表现出来。

(6)观察小路边渗水情况和地形,判断季节泉的存在,对这种水文现象的危害要有足够的认识。

一、位置

天水市羲皇大道中段高家湾村后山。

二、路线

从学校乘坐 1 路或 9 路车到"二一九"站下车,或从学校步行 1.7 km 到"二一九"院子西面,向南步行 300 m 沿土路上山。实习路线全长约 2 km。

三、实习内容

(1)观察、描述、绘制黄土陡坡下面"系列正断层"发育的地层、岩性,分析形成系列正断层的原因;了解白垩系泥岩、粉砂岩与第四系砾石层及黄土之间的"假整合"关系。

(2)观察"高家湾农家乐"西侧的地形,分析这里形成季节泉的原因。

(3)观察白垩系浅灰色、浅黄色泥岩的水平层理,了解第四系黄土与白垩系泥岩、粉砂岩之间的断层接触关系。

四、观察点

No.1

位置:高家湾"南山生态园"340°方向 600 m 处黄土陡坡下槐树林、小路旁。

实习内容:

(1)观察白垩系灰白色、浅黄色、紫色、浅灰色、灰黑色泥岩和粉砂岩互层(图 2-13),分析不同颜色泥岩代表的矿物成分的差异形成原因(提示:灰白色代表较纯净的"白色硅酸盐"风化产物,不含或少含铁锰质等暗色矿物,也可能含有钙质;浅黄色和紫色代表长石、细小的石英等白色矿物在风化和搬运过程中掺入了铁质、锰质或钾质;浅灰色一般是泥质中含有"绿泥石"或"海绿石";灰黑色一般是泥岩中含有有机质所致)。

(2)观察泥岩和粉砂岩中的系列正断层,测量岩层产状和断层产状,从砾石层底面观察泥岩和粉砂岩的对应层,测量断距。

(3)判断砾石层中砾石的长轴方向,分析原来形成砾石沉积的水流方向;分析砾石层层理方向与白垩系岩层的产状,判断"假整合"的存在。

图 2-13　高家湾后山系列正断层

(4)用测绳丈量剖面长度,用钢卷尺和罗盘测定剖面地质点位置,画一张比例尺为 1∶100 左右的精确剖面图。要求:将三条正断层全部表现出来,用附录中的图例绘制各种岩石的花纹(包括黄土、砾石层、泥岩、粉砂岩等),剖面方位和坡度角改变的地方全部要标出来,要将每个正断层的倾角换算成"视倾角",请查阅"野外记录本"末尾的"倾角换算表",以便作图。请参考图 2-14。注意:粉砂岩和泥岩互层厚度都很小,只有 2~3 cm,可以将这种层理夸大表示,画一层粉砂岩再画一层泥岩,二者相互间隔出现。

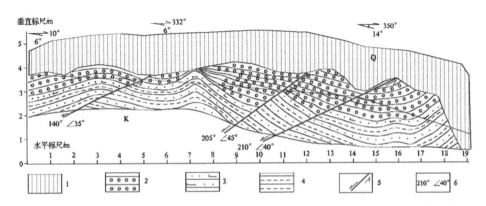

1—黄土;2—砾岩;3—含钙粉砂岩;4—泥岩;5—正断层;6—产状;Q—第四系;K—白垩系。

图 2-14　高家湾后山系列正断层素描图

No.2

位置：No.1沿小路向南500 m处。

实习内容：

(1)观察本地地形，可见"簸箕状"地形，观察脚下路边渗水，分析这些只有在雨季才会出现的"间歇泉"汇聚成的溪流。这种情况说明，在第四系黄土和下伏的泥岩中含有"富水层"，当泥岩的含水性达到饱和以后，就不再吸收雨水，导致渗流的发生。这种渗流现象必然导致其上面的土层不稳定，这种看似平坦的地形只能种庄稼，无法构筑任何建筑物。

(2)观察这里的植物生长情况，可见只有水边才生长的"芦苇"，在这里生长很茂盛，这就是"间歇泉"的贡献。

No.3

位置："高家湾南山生态园"出入口水泥路东侧陡坎。

实习内容：

(1)观察白垩系泥岩与粉砂岩互层，分析灰色、浅黄色、灰白色泥岩中的物质成分，用手指搓一下较坚硬的粉砂岩，看看有没有"砂粒"感。

(2)观察第四系黄土与白垩系泥岩之间的"平行不整合"接触关系，注意黄土底界面上的起伏，这说明这里的黄土是有位移的，黄土并不是直接沉积在白垩系地层上，这是经过构造"扰动"形成的遗迹。

(3)观察剖面左侧，由于滑坡导致的第四系黄土与白垩系泥岩之间的断层接触关系，测量断层产状，分析断层两盘的相对运动方向，判断断层性质。

(4)绘制一张"水平岩层与断层"的素描图，要求：能够反映出水平层状泥岩和粉砂岩、黄土，还要反映"正断层"及其产状，注意：一般在基岩与其上覆第四系之间不用"波浪线"表示"不整合"接触关系。请参考图2-15。

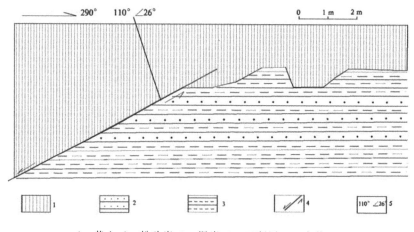

1—黄土；2—粉砂岩；3—泥岩；4—正断层；5—产状。

图2-15 高家湾后山水平岩层与正断层素描图

实习任务五　阳坡地质实习路线

实习任务

(1)学会观察滑坡体,会估算滑坡体的体积,对滑坡的危害有足够的认识。

(2)学会观察并描绘"推覆体"这种地质现象。

(3)根据白垩系泥岩中的不同成分,初步分析泥岩中的钙质组分,学会识别泥岩中的粉砂岩夹层。

(4)观察白垩系泥岩中的鲕状灰岩薄层,了解其沉积环境。

(5)观察阳坡村原来的饮用水水源地,了解下降泉的成因特点。

(6)在教师引导下,学会观察耤河弯曲导致耤河北岸陡峻,造成黄土层的系列陡坎,这是滑坡造成的,自定义一个小比例尺的素描图,将系列滑坡这种地质现象反映出来。

(7)学会观察"河流三角洲",并用小比例尺示意图将这种地质现象描绘出来。

(8)观察白垩系泥岩中出现的钙质砂岩和钙质粉砂岩层,了解白垩系地层在不同时期沉积层的差异和形成原因。

一、位置

天水市羲皇大道中段廿铺甘肃工业职业技术学院后山－廿铺阳坡村。

二、路线

从学校东部"二〇七厂"东边向南小巷步行 300 m,到甘肃省工业职业技术学院餐饮中心后山为第一个实习点,观察记录完毕以后向耤河北岸进发,到阳坡村西半山腰开始第二个点的实习。实习路线全长约 5 km。

三、实习内容

(1)观察、描述甘肃工业职业技术学院餐饮中心后山滑坡,认识其危害。

(2)观察、描述、绘制阳坡村西"推覆构造"。

(3)观察、描述阳坡村附近多处白垩系泥岩、粉砂岩的倾斜层理。

(4)观察、描述阳坡村附近白垩系地层中的鲕状灰岩。

(5)观察水眼寨村西泉水,分析其形成原因。

(6)观察、描述耤河的侧蚀现象,分析推断阳坡村西"黄土滑坡"现象。

(7)观察、描述罗家沟河流三角洲的地貌特征,绘制河流三角洲示意图。

(8)观察、描述、描绘白垩系地层中的钙质砂岩和钙质粉砂岩夹层。

四、观察点

No.1

位置:甘肃工业职业技术学院餐饮中心南 50 m 处滑坡体。

实习内容:

(1)观察滑坡体的滑动情况。本段于 2011 年 4 月 14 日发生滑坡,滑坡体长 130 m,宽约 100 m,平均厚度为 5~6 m,体积大约有 70 000 m³,当时幸未造成人员伤亡,仅造成甘肃工业职业技术学院少量财产损失。宝兰高铁"渭河隧道"从该滑坡体下部通过,渭河隧道 1 号斜井出口距滑坡体仅 200 m。为了保证高速铁路的安全,滑坡后不久,有关部门在这里开展了简单的治理,往地下打了一排防滑桩,使用铁道道轨插入地下(图 2-16)。几年后,仍然可以观察到滑坡体的"蠕动"现象,显然,这样的处置未能阻止滑坡体的运动。2016 年甘肃工业职业技术学院物探 1431 班使用放射性物探的方法对该滑坡体进行了检测,发现该滑坡体依然在移动,具体的测量方法和结果见参考文献[26]。宝兰高铁已经于 2017 年 7 月 9 日通车,高铁的巨大震动还可能进一步诱发滑坡,将威胁铁路的安全,所以通车前,有关部门在这一滑坡体中下部造了一座坚固的挡土墙。

图 2-16 甘肃工业职业技术学院后山治理滑坡使用的防滑桩

(2)观察滑坡体右侧白垩系泥岩产状的紊乱情况,分析推断"滑舌"、滑坡后缘等位置。

(3)了解滑坡治理方法,包括挡土墙的结构、防滑桩的位置等。

(4)在指导老师的帮助下,了解用放射性物探测量(氡气测量)预测滑坡的方法(图2-17)。

图2-17　用氡气测量的方法预测甘肃工业职业技术学院后山滑坡

No.2

位置:耤河北岸阳坡村西小沟,甘肃工业职业技术学院6号学生公寓30°方向1.7 km处。

实习内容:

(1)观察实习点西面黄土及其下面的灰色、灰白色泥岩和粉砂岩,泥岩与粉砂岩层理清晰,接触面平滑,但泥岩和粉砂岩下面又是黄土,泥岩上面和下面的黄土有显著不同,上层黄土颜色单一,为土黄色,下层黄土明显分为褐色(含铁质)和白色(含钙质),表明第四系黄土物质来源差别较大。中间的白垩系泥岩和粉砂岩属于典型的"推覆体",是由于秦岭褶皱运动时从高处推覆或整体滑移而来的,这种构造称为"推覆构造"。

(2)画一张"推覆构造"素描图,要求:用"黄土"和"泥岩""粉砂岩"花纹将"推覆体"反映出来,并推断"推覆体"的运动方向,剖面要有方向、有图例、线段比例尺等基本要素(参考图2-18)。

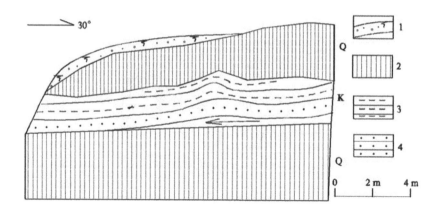

1—坡积物；2—黄土；3—泥岩；4—粉砂岩；Q—黄土；K—白垩系。

图 2-18　甘铺乡阳坡村西"推覆构造"素描图

No.3

位置：甘肃工业职业技术学院 6 号学生公寓 25°方向 2 km 处，距 No.2 北侧约 300 m 处。

实习内容：

(1)观察白垩系泥岩和粉砂岩的成分变化，这里的白垩系底层经历了"喜马拉雅山运动"，所以地层发生了倾斜，地层产状 347°∠15°，局部产状变化较大。

(2)自定义一个大比例尺，绘制这里的灰白色泥岩、浅黄色泥岩和浅黑色泥岩层及其上部的第四系覆盖层。

(3)观察现代滑坡，2019—2020 年，由于本地降雨较多，此处地表土壤疏松，雨水使土壤水分达到饱和，土壤"液化"，顺着坡向滑塌，形成小型滑坡，若降雨再次加大，这里将出现泥石流。

No.4

位置：甘肃工业职业技术学院新图书馆 30°方向 3.3 km 处，"下降泉"南侧 100 m 处小路边。

实习内容：

观察这里褐色泥岩中的灰白色薄层状鲕状灰岩夹层，其中的鲕粒大小有 0.1～2 mm，厚度只有 3 cm 左右。鲕状灰岩属于粒屑灰岩的一种，因形态像"鱼子"而得名(图 2-19)。这里出现碳酸盐岩沉积，说明在白垩系的某个时间段，这里曾经是"海槽沉积"环境，这对于天水地区地质研究来说，具有重要意义。

实习情境二　天水地区地质认识实习指导书　　67

图 2-19　天水市麦积区廿铺乡水眼寨附近鲕状灰岩（下部灰白色薄层）

No.5

位置：甘肃工业职业技术学院新图书馆 30°方向 3.3 km 处，槐树林下方黄土冲沟半山坡。

实习内容：

观察地形，可见本处属于"负地形"（两边高，中间低），所以山坡高处的雨水下渗，遇到下面的白垩系泥岩等不透水层阻挡，汇聚到地形较陡处出露于地表，形成泉水。本泉属于下降泉，过去是水眼寨村村民吃水的水源地，由于村民已经全部迁移到耤河岸边等低处，这里的"水源地"功能已经废弃，还有些村民给果树打农药时，直接在这里取水，所以该泉水已经被农药污染，不适合饮用，请同学们千万不要尝试饮用。

No.6

位置：赵集寨村正南约 200 m 处，甘肃工业职业技术学院新图书馆 10°方向 2.5 km 水泥路上。

实习内容：

(1)观察这里的地形，可见这里形成的多个"黄土台阶"，台阶上面是庄稼地，台阶较陡。分析：这里是由于罗家沟冲积扇造成耤河向北改道，对耤河北岸形成侧蚀作用，导致北岸逐渐变成陡岸，高处的黄土不断向下滑动，经多次滑动，形成系列"台阶"。

(2)根据现有地形，画一张 1∶2 000 比例尺的"滑坡"示意图，反映出"系列滑坡"现象（参考图 2-20）。

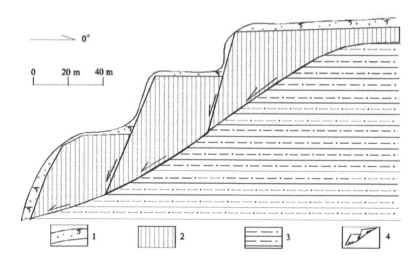

1—坡积物；2—黄土；3—泥质粉砂岩；4—滑坡体。

图 2-20　甘铺乡赵集寨村南滑坡示意图

No.7

位置：耤河北岸，邓家庄村北 100 m，甘肃工业职业技术学院新图书馆 10°方向 2.2 km 处。

实习内容：

(1)观察罗家沟沟口冲积扇(图 2-21)，甘肃工业职业技术学院就坐落在该冲积扇上。从罗家沟冲击下来的砾石、砂、泥土在沟口堆积形成冲积扇。该冲积扇造成地势抬高，耤河被迫改道向北冲刷，其强大的侧蚀作用导致北岸越来越陡，最终导致北岸滑坡发生，滑坡体下部滑舌不断被耤河流水带走，再次形成陡岸，于是再次发生滑坡，造成北坡赵集寨村南的系列黄土陡坎。

图 2-21　甘铺乡罗家沟冲积扇远眺

(2)画一张 1∶10 000 左右比例尺的罗家沟冲积扇示意图，要求：能反映出冲积扇下部和沟口附近沉积的是大颗粒的"砾石"，远处或上部沉积的是小颗粒的沙石或泥土。

No.8

位置：耤河北岸，甘肃工业职业技术学院新图书馆 32°方向 2 km 处水泥路边陡坎。

实习情境二　天水地区地质认识实习指导书　69

实习内容：

(1)此处可以观察到大量白垩系灰色、灰白色泥岩、含钙泥岩等，剖面中间部位有厚度约 20 cm 左右的钙质粉砂岩，颜色很浅，砂状结构不明显；剖面底部有厚度约 50 cm 左右的厚层砂岩(图 2-22)；观察该砂岩层，可见岩石砂状结构明显，岩石硬度较大，垂直节理发育，将岩石截成若干段，块状构造明显，目估岩石泥质约占 10%，钙质约占 30%，砂质约占 60%；用盐酸试验，反应剧烈，剩余白色石英砂和少量泥质。白垩系钙质粉砂岩和钙质砂岩的存在，说明在白垩纪的时候，天水地区不仅属于海槽沉积环境，而且局部地段属于"滨海沉积"环境，有河流三角洲和浅海沉积环境，才能形成泥岩、含钙泥岩、钙质粉砂岩、钙质砂岩等岩石。

图 2-22　甘铺乡赵家寨村南水泥路上的钙质粉砂岩(颜色较浅部分)和厚层钙质砂岩

(2)注意观察白垩系各层岩石之间的水平层理，可见这些来源不同的碎屑沉积层，都是整合接触关系，进一步说明这里在白垩纪的时候，是稳定的沉积环境，才能形成相互整合的岩层。

(3)绘制一张素描图，将这种整合接触关系反映出来(参考图 2-23)。

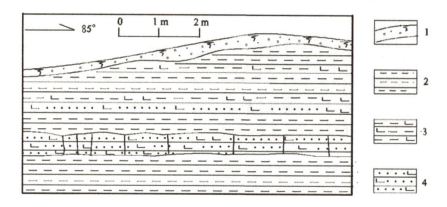

1—坡积物；2—粉砂质泥岩；3—钙质泥岩；4—钙质粉砂岩。

图 2-23 廿铺乡赵家寨村南钙质粉砂岩和厚层钙质砂岩及整合接触素描图

实习任务六　渭河峡口地质实习路线

实习任务

(1)观察天水锻压机床厂后面的滑坡,并分析滑坡的成因。

(2)学会观察河漫滩、阶地,学会根据现有地形和河流的弯曲程度分析陡岸的形成原因。

(3)根据渭河峡口西部的箕状地形,结合山顶和半山腰的陡坡分析古滑坡的存在,并绘制一张 1∶5 000 比例尺的渭河峡口河漫滩、阶地和滑坡素描图。

(4)根据渭河峡口北部公路拐弯处绿泥石云母片岩中的石墨,分析这种石墨的形成原因,绘制一张大比例尺地质素描图,将这种地质现象反映出来。

(5)根据渭河峡口"宝兰铁路"上行线附近修路挖出的大理岩及花岗岩,分析方解石巨大晶体的成因。

(6)根据半山腰多处下元古界秦岭群(Pt_1q)基底大理岩与白垩系泥岩的产状,分析判断这里的不整合接触关系。用一张素描图将这种典型的地质现象反映出来。

(7)根据上山小路上挖出的基岩,观察秦岭群石英片岩、片麻岩被燕山早期的花岗岩脉侵入的情况,并绘制地质素描图将侵入接触关系反映出来,注意使用书后附录规定的岩性代号和花纹符号。

一、位置

天水市麦积区峡口村北东 500 m 处。

二、路线

从学校乘坐 1 路车到终点站——天水锻压机床厂下车,向北步行约 200 m,穿过铁路线,到达第一个实习点,实习完毕以后退回"1 路车起点站",再向西步行穿过"渭河大桥",下桥后沿渭河西岸向北步行 500 m,到达第二个实习点,实习完毕后沿麦积区-南河川公路继续朝北步行约 2.5 km 到公路拐弯处的第三个实习点,之后返回第二个点,再向西沿上山小路步行 100 m 左右开始第四个点的实习,以后的实习点都在这条小路上,实习路线全长约 10 km。

三、实习内容

(1) 观察天水锻压机床厂滑坡现象,感受滑坡造成的巨大财产损失和人员伤亡情况。

(2) 观察渭河的河漫滩、阶地,识别河流的下切和侧蚀作用。

(3) 观察西面山坡"簸箕状"地形,识别古滑坡,绘制 1∶5 000 比例尺的地质素描图。

(4) 观察麦积区-南河川公路旁的下元古界秦岭群(Pt_1q)石英岩、石英片岩断裂带中的变质成因石墨,了解该地层中侵入的花岗伟晶岩脉,并绘制这一地段的地质素描图。

(5) 观察修路挖出的大理岩和绿泥石片岩,敲击大理岩,感受方解石的节理,搜集方解石矿物标本。

(6) 观察角度不整合接触关系,识别不整合面上部白垩系地层中的底砾岩、泥岩和泥质粉砂岩,测量不整合面下部大理岩的产状;绘制地质素描图,反映这些地质现象。

(7) 观察秦岭群中的侵入接触关系及其上部与白垩系地层的不整合接触关系,用素描图将这些地质现象表现出来。

四、观察点

No.1

位置:锻压机床厂老厂区后面的公路边。

实习内容:

(1) 观察滑坡后的地形,识别滑坡这种自然灾害造成的损失。1990 年 8 月 23 日暴雨,该处大面积滑坡,造成摧毁、掩埋 5 个车间,7 人死亡,工厂停工停产;造成附近变电所损毁,供电中断,天水-张家川公路中断。

(2) 滑坡原因分析。①人为因素:北山边坡地形本来较陡峭,天水锻压机床厂在扩大厂区时,把北山的坡脚开挖了,造成边坡进一步变陡。②地质因素:基岩是老地层,渗水性差,上部是湿陷性黄土,裂隙密布,这种透水与不透水地层组成了易于滑坡的二元结构。③诱发因素:连日暴雨造成地表水渗入黄土层,重力失衡,形成滑坡。

(3) 了解滑坡治理的一般方法：①卸载，削坡使其平缓，减轻重力影响；②人工疏导水流，不让水流渗入土体；③采用防滑桩、锚杆等加固山体，稳定坡脚，防止滑坡进一步发展。

No.2

位置：渭河峡口宝兰铁路上行线与下行线之间渭河河漫滩，锻压机床厂新厂房"综合楼"355°方向约800 m处。

实习内容：

(1) 观察渭河的河漫滩、多级阶地，分析形成阶地的原因。雨季河水能漫到的地方称河漫滩，当地势抬高，河流进一步下切，原来的河漫滩变成"阶地"，这种作用多次进行，就形成多级阶地。

(2) 观察上游渭河陡岸，观察水流在这里造成的90°拐弯，洪水期，河流直接冲刷山体岩壁，造成强烈的侧蚀作用，导致山体崩塌，形成陡岸。

(3) 观察西面山体的"簸箕状"地形和平顶，并与远处山顶对比，明显可见一个巨大的古代滑坡体的存在，古滑坡体主体为黄土，其前缘部分已经滑下来覆盖在Ⅲ级河漫滩上，最前端已经被拐弯过来的流水带走，流水在这里形成"回水湾"。后来，渭河下切，远离"回水湾"，形成淤积平地。所以，这里的坡脚地形也比较陡峻。

(4) 画一张1∶5 000比例尺的示意图，表现渭河的多级河流阶地，注意：靠近流水的Ⅰ级阶地以现代沉积物为主，Ⅱ级阶地属于古代沉积物，这两级阶地都未"成岩"，不能画成"层状"岩石；Ⅲ级阶地在东面为黄土，要画黄土花纹；黄土下面是白垩系泥岩和粉砂岩，最底下才是"下元古界秦岭群"基岩（画成大理岩和片岩花纹），请参考图2-24绘制素描图。

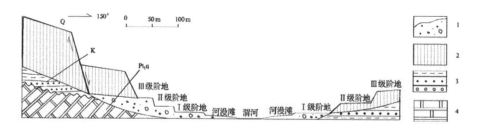

1—砂砾石；2—第四系黄土；3—白垩系泥岩、粉砂岩和底砾岩；4—下元古界秦岭群大理岩。

图2-24 渭河峡口的河漫滩、阶地及滑坡示意图

No.3

位置：渭河峡口，从No.2沿麦积区-南河川公路向北步行约2.5 km，公路大拐弯背后。

实习内容：

(1) 观察此处下元古界秦岭群（Pt_1q）由混合岩化作用形成的角砾状石英片岩、绿泥石云母片岩的结构和构造。

(2)观察此处由原来有机质含量很高的泥岩变质而形成的薄层状石墨,石墨厚度2~5 cm,这些石墨是原来是富含有机质的淤泥层,经过变质以后,将其中的小分子有机质挥发,大分子有机质中的H、O和N等元素被带走,其中的C元素再次深埋,在高温高压等环境下经过变质作用,逐渐结晶成为片状的石墨晶体。而原岩中的泥质,变质成为云母、绿泥石等片状矿物,所以变质成因的石墨一定伴有"泥岩"。

感受一下石墨的污手情况。

(3)观察此处的破碎带,这是刚性岩石被强大的压力压碎形成的构造角砾岩带。

(4)观察此处沿原始层理侵入的花岗岩,识别花岗岩的主要矿物成分。

要求和思考:

画一张1:100比例尺的素描图,将花岗岩的侵入接触关系、角砾状石英片岩、绿泥石云母片岩、石墨和构造破碎带等地质现象反映出来(参考图2-25)。

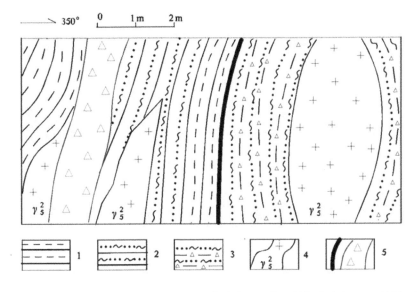

1—绿泥石云母片岩;2—石英片岩;3—角砾状石英片岩;4—燕山早期花岗岩;5—石墨与破碎带。

图2-25 渭河峡口侵入接触关系和变质成因石墨素描图

思考题:

石墨和辉钼矿都污手,如何区别这两种矿物?

No.4

位置:锻压机床厂新厂房综合楼335°方向约1 km处,铁路上行线北部小沟沟口。

实习内容:

(1)观察此处黄土层下面的白垩系灰色泥岩、底砾岩,仔细观察砾岩的产状、磨圆度和胶结物(图2-26)。

图 2-26 渭河峡口角度不整合接触关系

(2)观察底砾岩下部的下元古界秦岭群(Pt_1q)大理岩,判断大理岩的层理结构,测量大理岩的产状,分析大理岩与泥岩和底砾岩之间的角度不整合关系。查阅本书"附录 D 地质年代表",可见"古元古代"为距今 25 亿年~18 亿年,而白垩纪距今 1.46 亿年~0.66 亿年,两者地层形成年代差距约 20 亿年。而秦岭群古老基底也经历了 20 多亿年的沧桑巨变,变成倾斜地层,这 20 多亿年也沉积了一些岩石,但都被剥蚀掉了,甚至剥蚀掉了基底秦岭群的大理岩、石英片岩等。

(3)观察方解石晶体的颗粒大小,识别接触变质作用引起石灰岩的变质重结晶作用。

(4)观察大理岩中的顺层断层,可见断层面擦痕非常明显(图 2-27),用手顺着擦痕方向摸几次,感受一下断层两盘的运动方向。这是秦岭由南向北推挤造成基底软弱面上的高角度逆冲形成的逆断层。

图 2-27 渭河峡口的大理岩中的顺层断层

(5)绘制一张1∶100比例尺的素描图,要能够反映白垩系与下元古界秦岭群之间的角度不整合关系(用波浪线表示),还要反映出剖面左侧白垩系中的正断层和下元古界秦岭群大理岩中的逆断层,逆断层下面还有宽约1 m的"二长花岗岩脉"。可参阅图2-28来绘制。

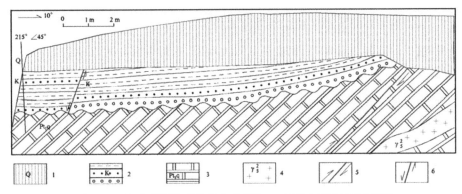

1—黄土;2—白垩系泥岩、粉砂岩和底砾岩;3—下元古界秦岭群大理岩;
4—印支期花岗岩;5—逆断层;6—正断层。

图2-28 渭河峡口的不整合接触素描图

(6)观察大理岩下方的花岗岩脉,花岗岩脉的充填方向基本是沿着大理岩的层理撑扩形成的,正是由于花岗岩的热烘烤现象,才导致这里大理岩中的方解石颗粒变得很大,较大的方解石晶体可以达到8 cm×10 cm×10 cm。学生应采集一块较大的标本,课后仔细观察其方形节理。

(7)观察剖面右侧坡积物滑塌以后漏出的基岩,可见这里的主要岩性是石英云母片岩和绿泥石片岩,岩石片理结构发育,很容易沿片理方向裂开,这是形成小滑坡的主要原因。

思考题:

(1)为什么深变质岩都是硅质成分很高的石英片岩、混合岩?原岩中的"泥质"变质形成哪些矿物?

(2)有些深变质岩中的"条带状构造"反映了什么问题?

No.5

位置:锻压机床厂新厂房综合楼340°方向约1.1 km处,小路边。

实习内容:

(1)观察此处黄土下面的砾石层,可见砾石层中的砾石长轴都是水平方向,这是在较大水动力作用下沉积在此的,此处是"古渭河"的阶地(可能是Ⅲ-Ⅳ级阶地),远望一下渭河,感受一下地壳抬升和渭河下切的高度。

(2)观察此处的流沙层,流沙层颗粒度较小,分选性较好,粒度均匀,这是在较小的水动力作用下沉积在此的,也属于古河漫滩的一部分。

(3)观察此处浅灰色泥岩,可见这里的泥岩比 No.4 的泥岩要薄许多,这是古渭河下切剥蚀作用的结果。

(4)观察白垩系(K)与下元古界秦岭群(Pt_1q)的不整合接触关系,描述下元古界秦岭群石英云母片岩、绿泥石石英片岩的矿物成分和结构构造。

(5)观察这里的方解石晶体,用地质锤敲击大理岩,看看方解石的节理是否完整。方解石的化学式是 $CaCO_3$(碳酸钙),摩氏硬度为 3,相对密度为 2.6~2.8,是灰岩和大理岩的主要矿物成分。

No.6

位置:锻压机床厂新厂房综合楼 345°方向约 1.2 km 处,小路边。

实习内容:

(1)观察此处黄土下面的灰色泥岩和泥岩中的底砾岩,砾石长轴都是水平的,可见在白垩纪的时候,天水地区的确属于湖盆沉积环境。

(2)观察底砾岩下面的石英片岩,可见此处石英片岩产状很陡,这是早期地质作用的结果,下元古界秦岭群(Pt_1q)的倾斜岩层与上覆白垩系(K)水平泥岩之间是角度不整合关系。

(3)观察侵入接触关系,描述顺层侵入的花岗岩脉形态、矿物成分,描述围岩的矿物成分,分析热烘烤作用导致的接触变质作用。

(4)观察路边花岗岩脉旁边破碎石英片岩中的石墨,用手搓一下石墨,观察其染手情况。这里的石墨,也是有机质经过复杂的变质作用后,将原来的有机质"碳化"后形成的碳单质。石墨一般是正六边形片状结构,其集合体一般呈鳞片状、块状、土状,黑色,半金属光泽,有滑感、易污手,其导电性良好。主要用于核反应堆中的中子减速剂、制造铅笔、润滑剂等。

(5)绘制一张大比例尺素描图反映这些地质现象,要求:反映侵入接触关系、云母石英片岩、绿泥石石英片岩,花岗岩脉上部的角度不整合接触关系等(参考图 2-29)。

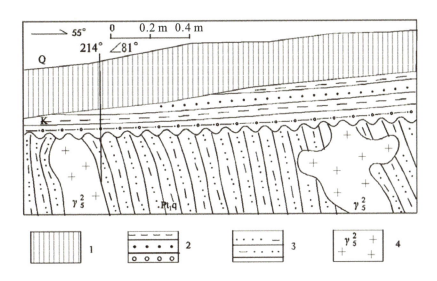

1—黄土；2—白垩系泥岩、粉砂岩和底砾岩；3—下元古界秦岭群云母石英片岩；4—燕山早期花岗岩。

图 2-29　渭河峡口的不整合接触与侵入接触关系素描图

实习任务七　牛头河地质实习路线

实习任务

(1) 了解"牛头河群"解体成为下元古界秦岭群(Pt_1q)和陇山群(Pt_2l)后,这里老地层的划分,将杨家碾附近的混合花岗岩、混合岩等都划入秦岭群。

(2) 观察杨家碾—上倪村附近混合岩中的X节理,分析岩石受力情况。

(3) 观察徐家里附近公路边的大理岩,描述大理岩的成分,分析大理岩中的铁染现象的成因。

(4) 观察毕家里东南深入到牛头河中的山脊,通过地形和岩性对比,识别这里的断层和岩性分界。

(5) 观察毕家里南公路西边的白云石采场,识别基性岩脉和由基性岩脉造成的蛇纹石化。

(6) 观察社棠镇葡萄园村西陡坡旁边的石榴子石,描述石榴子石的晶形,并分析石榴子石的成因。

一、位置

天水市清水县南部—麦积区社棠镇牛头河。

二、路线

从学校乘坐 1 路或 9 路公交车到"长途汽车站",换乘"天水—清水"大巴车,到清水县杨家碾村下车,即开始实习。从杨家碾南 300 m 到麦积区社棠镇葡萄园牛头河河口,实习路线全长约 12 km。

三、实习内容

(1)观察、描述、识别杨家碾村南混合花岗岩、云母片岩中的节理、断层和节步。

(2)观察、描述上倪村附近混合花岗岩的岩性特征。

(3)观察、描述徐家里附近大理岩、白云质大理岩和白云岩的岩性特征和风化产物。

(4)远观毕家里南侧山脊,根据山脊形状分析山脊突然变陡的原因,绘制素描图。

(5)观察、描述毕家里南东 1 km 附近白云石采场中的碳酸盐矿物和碳酸盐中的基性岩脉。

(6)观察、描述牛头河出口桑园里村西的石榴子石矿物。

四、观察点

No.1

位置:杨家碾村正南 300 m,上倪村北 400 m 公路旁。

实习内容:

(1)这里是 20 世纪 40 年代,中华人民共和国成立之前确定的"牛头河群"典型岩性段,时代定为"前寒武纪"。这套地层经区域动力热流变质作用及岩浆侵入活动,局部产生混合岩化,形成片麻岩、大理岩夹变粒岩、片岩等一套低角闪岩相的变质岩系,组成向南倾的单斜,属于海相沉积的碎屑岩建造夹碳酸盐岩、火山岩,厚度达 4 200 m 以上。20 世纪 80 年代以后,该套地层被解体为秦岭群(Pt_1q),北部划为陇山群(Pt_2l)。本套地层在牛头河两岸广泛分布,现已划归秦岭群(图 2-30)。

(2)本实习点岩性主要是混合花岗岩和云母石英片岩、石英云母片岩、变粒岩、麻粒岩等。这些岩石都属于"混合岩化"作用形成的深变质岩,岩石中的硅质成分(如石英和长石)含量很高,所以岩石的刚性强,受力后易于形成节理和断层,如本点下部多个节步就是断裂的证据。

(3)画一张 1∶200 比例尺的素描图,将混合花岗岩、片岩、变粒岩等表现出来,注意断层与剖面方向一致,无法在剖面图中反映出来。可参考图 2-30 绘制素描图。

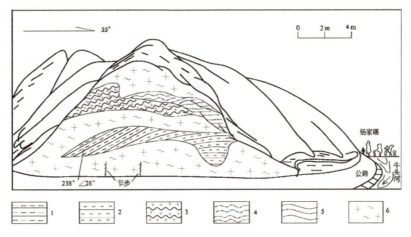

1—石英云母片岩;2—石英片岩;3—花岗片麻岩;4—变粒岩;5—麻粒岩;6—混合花岗岩。

图 2-30 牛头河杨家碾附近混合花岗岩素描图

(4)总结此处花岗岩成因类型及依据。

思考题:

花岗岩有哪些成因类型?此处花岗岩和变质岩的接触关系为什么呈渐变过渡状态?结合围岩(变质岩)推断,这里的花岗岩应属何种类型的花岗岩?

No.2

位置:上倪村北 100~200 m 范围内。

实习内容:

(1)观察本段岩石中的硅质成分,估算其含量。这一段地层以混合花岗岩为主,个别地点可见到粒径 3 mm 左右的肉红色钾长石颗粒。大部分地段岩石石英含量超过 50%,花岗结构不清晰,岩石坚硬,局部岩石可称为"硅质岩",分析其原岩应该是"石英砂岩",经深部重熔,在半流动状态下重结晶形成。所以混合花岗岩无法判断原岩层理。

(2)观察本段岩石中的铁质、钾质和泥质成分,估算其大致比例。本段岩石局部可见原来岩石中的泥质和铁质、钾质等,已经变质为绿泥石、白云母、黑云母等片状矿物,岩石受力以后,这些易于变形的矿物被挤压,镶嵌于硅质岩或混合花岗岩边缘,基本能够分清原始层理。

(3)观察本段岩石中的构造,可见云母片岩等塑性岩石的片理化现象常见,而混合花岗岩和硅质岩中有些节理系统呈相互平行状态,有些两组不同方向的节理相互交错,形成"X节理",将岩石切割成"菱形块状"。有一组节理相互平行,长度都很长,很容易让初学者误认为这是"层理"。

思考题:

刚性岩石与塑性岩石受力后的表现有什么不同?

No.3

位置：徐家里村 110°方向 500 m 处。

实习内容：

(1)观察这里的白色大理岩和白云质大理岩及白云岩，看看肉眼能否区别这些岩石，用地质锤敲击岩石，试验一下岩石的硬度，看看能否分清方解石颗粒。

(2)观察大理岩和白云岩的表面颜色和新鲜面颜色，看看有什么不同？内部为灰白色，这是方解石和白云石本来的颜色，表面的褐红色，是岩石风化后残留的"铁质"（褐铁矿和赤铁矿）的颜色。

(3)仔细观察岩石表面，有些裂隙表面粗糙，这是碳酸盐岩"风化迁移"产生的"次生微晶方解石"造成的。

思考题：

(1)方解石和石英哪个更易于风化？

(2)方解石在什么条件下可以溶于水中，被流水带走，在什么条件下又可以沉淀成固体？

No.4

位置：毕家里村正东 500 m 公路上。

实习内容：

(1)观察正南山梁，从地形上判断断裂带存在。

(2)到山梁下面，就近仔细分辨断裂带中形成的角砾岩、糜棱岩；断裂带内的硅化、黄铁矿化、重晶石化、萤石化等蚀变矿物。

(3)观察花岗斑岩脉沿原岩层理侵入的情况。

(4)每人作一幅地质素描图（参考图 2-31），反映破碎带、花岗岩脉等地质现象。

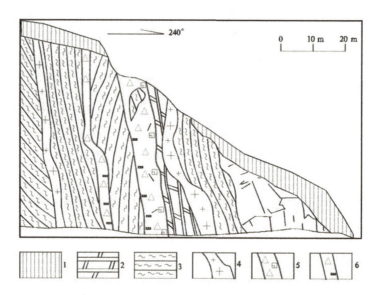

1—黄土；2—白云质大理岩；3—混合岩；4—花岗斑岩脉；5—破碎带及萤石化；6—破碎带及黄铁矿化。

图 2-31　牛头河毕家里附近山梁地质构造素描图

思考题:

(1)该点的这些地质现象说明了什么?

(2)研究这些地质现象有什么意义?

(3)山脊突然变陡的原因是什么?

总结:分析此处地质现象的形成过程。

No.5

位置:牛头河白云石采矿场(图2-32)。

图2-32 牛头河白云石采场实习

实习内容:

(1)了解白云石矿物:其化学成分是$CaMg(CO_3)_2$(碳酸钙镁),其集合体常呈粒状,玻璃光泽,三组完全节理,摩氏硬度为3.5~4,相对密度为2.8~2.9,常与方解石共生,主要用途:①炼钢助熔剂和吸附剂。助熔剂是一种催化剂,能有效降低炼钢的温度,节约能源;而吸附剂可减少钢中的杂质。②建筑刷墙用的大白粉。

(2)了解白云质大理岩特征、层间滑动现象及其产生的透辉石、透闪石、阳起石、硅灰石和滑石等变质矿物的特征。

(3)观察白云岩和白云质大理岩中顺层侵入的基性岩脉,测量其产状;观察由于基性岩脉的侵入而引起的热液变质作用,包括基性岩脉中的铁质被交代成黄铁矿,大量向围岩中迁移;白云石被蚀变为黄绿色的蛇纹石,有时还可见到脉岩中的黑色柱状电气石。

思考题:

(1)基性岩与酸性岩比较,哪个温度更高?

(2)基性岩与酸性岩比较,哪个黏稠度更高?

(3)比较一下本点与渭河峡口 No.6,同样是岩浆岩脉,这两者的岩性、脉岩形态都有差别,为什么?

No.6

位置:牛头河出口,社棠镇桑园村葡萄园正西 400 m 河边。

实习内容:

(1)了解含石榴子石黑云母花岗片麻岩及其中的石榴子石矿物晶体、石英脉,描述该变质岩的特征。

(2)认识并掌握石榴子石的晶体形态特征。这里的石榴子石呈四角三八面体或五角十二面体等规则的几何体形态,较大的晶体直径在 3 cm 以上,一般为 1~2 cm,呈深咖啡色或褐色,为铁铝石榴子石,石榴子石风化严重,大部分已经风化成褐铁矿,如图 2-33 所示。

图 2-33　牛头河花岗片麻岩中已经风化的石榴子石(褐色斑块)

(3)抠出几个石榴子石,剥去其外层泥土,仔细辨别石榴子石的晶棱和晶面,判断此处石榴子石属于哪一种晶形(图 2-34)。

图 2-34　石榴子石五角十二变体晶形

实习任务八　别川河地质实习路线

实习任务

(1)观察火山凝灰岩中的假流纹构造,分析假流纹构造的成因,绘制假流纹构造标本素描图。

(2)观察"花岗斑岩"和火山集块岩的结构构造,判断这里到火山口的距离,绘制一张火山集块岩的素描图。

(3)观察秦岭群石英片岩与白云岩之间的接触关系,结合地形判断这里的软弱面。

(4)观察正长花岗岩的颜色、结构构造、矿物成分及侵入接触关系。

(5)观察矽卡岩,识别矽卡岩中的透辉石、透闪石、硅灰石等矿物成分。

(6)了解"矽卡岩型铁矿"的成因特点。

一、位置

天水市清水县南部－麦积区社棠镇别川河。

二、路线

从学校乘 1 路或 9 路车到天水火车站,换乘 31 路车到终点站(星火机床厂),向别川河方向步行约 2 km 到第一个实习点,继续向别川河白云石采场前进,实习路线全长约 3 km。

三、实习内容

(1)认识火山凝灰岩,火山角砾岩、火山集块岩等火山沉积岩类。

(2)观察下元古界秦岭群中的云母石英片岩与白云石化大理岩的接触关系。

(3)观察长英质变质岩与正长花岗岩的接触关系。

(4)认识矽卡岩及其中的矿产。

四、观察点

No.1

位置:星火厂后围墙 10°方位,约 300 m 处。

实习内容：

(1)观察凝灰岩中的假流纹构造，这些假流纹构造是由于火山剧烈喷发时的长英质未结晶熔岩在回落到地面后，经压实作用而形成的，由于这时的熔浆并未流动，所以称"假流纹"，如图 2-35 所示。

图 2-35　别川河凝灰岩中的假流纹构造

(2)观察凝灰岩的节理面和原始沉积产状，分清节理面、假流纹"层面"和真正的原始沉积层面；岩石表面的褐红色，也属于铁染现象。

(3)根据火山颗粒物的大小判断该实习地点距火山口的远近。

(4)观察并描述该岩石的岩性特征，描述要点：暗色矿物层的厚度、连续性，暗色矿物的成分、颗粒度大小，各种颗粒度暗色矿物的相对比例。

(5)绘制某一张假流纹构造的素描图(参考图 2-36)，要求：比例尺为 1∶1 或 1∶2，要反映暗色矿物层的真实厚度和连续性，可以打一块标本画素描图，也可直接选择岩石某个局部描画。注意：大比例尺标本素描图无须标方向。

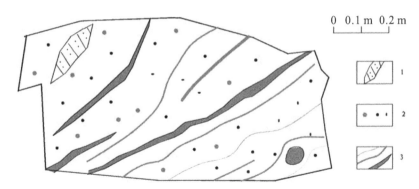

1—石英片岩团块；2—暗色矿物斑点；3—暗色矿物条带。

图 2-36　别川河凝灰岩中的假流纹构造标本素描图

思考题：

含角砾凝灰岩是如何形成的？它反映了何种地质环境？

No.2

位置：星火厂后围墙 10°方位，约 350 m 处。

实习内容：

(1)观察并描述火山凝灰岩的岩性特征，包括颜色、成分及结构构造，尤其要注意观察其中的碎屑物如浆屑(火焰体)、玻屑及晶屑等的形态、大小及排列方式(图 2-37)。

图 2-37　别川河凝灰岩中的 X 节理

(2)观察凝灰岩中的 X 节理，分析岩石形成以后受力情况。

(3)对比 No.1 中的凝灰岩，这里的凝灰岩颜色差别较大，分析一下是什么成分增多、什么成分减少造成的颜色差异。

(4)观察实习点西侧陡坡,可见肉红色的花岗斑岩脉,宽度约为 3 m,岩石中可见 2 mm 左右的钾长石斑晶,其余基质无法分清矿物颗粒,是没有结晶的长石和石英,这是高温的酸性岩浆从深部侵入到靠近地表的环境中,快速冷凝,部分钾长石结晶,其余钠钙长石没有来得及结晶造成的。

No.3

位置:别川河沟向南约 2 500 m 处,河流东岸 200 m 范围内,小树林旁边。

实习内容:

(1)观察河流两岸的火山集块岩,这些火山集块岩主要成分是下元古界秦岭群(Pt_1q)中的石英片岩和燕山早期喷发的少量火山碎屑,但石英片岩的片理方向差别很大。因为石英片岩是在火山口附近部位,由于火山爆炸而震碎的岩石(产状改变),在火山喷发平静期,火山岩浆挥发出的钙质将不同产状的原岩胶结形成的,所以岩石片理产状差别很大。

(2)观察并描述岩石块体的成分、大小、排列方式及岩块间充填物等,掌握火山集块岩的特征。

(3)画一张 1∶20 比例尺的火山集块岩素描图,要求:将石英片岩的原始片理方向表现出来(参考图 2-38),也可对人工搬运来的大岩块绘制素描图,素描图无须标图面方向。

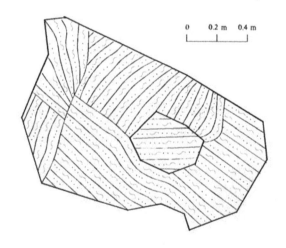

图 2-38　别川河火山集块岩大岩块素描图(原岩是石英片岩)

思考题:

集块岩是何种地质背景下的产物,为什么?在各种火山岩中,哪一种火山岩距离火山口最近?

No.4

位置:清水县别川河大白粉厂 165°方向 2 000 m 处。

实习内容:

(1)观察此处火山凝灰岩的矿物成分和结构构造,判断原始沉积层理和节理(劈理)方向,分析岩石受力方向。

(2)分别测量岩石层理产状和劈理产状,对比分析这些产状,思考:为什么岩石会形成"菱形块状",这些裂隙对岩石的风化起到什么作用?

No.5

位置:清水县别川河大白粉厂 165°方向 300 m 处。

实习内容:

(1)观察这里的地形特征,可见这里的沟谷比前面一段开阔,原因是这里是白云岩出露地段,白云岩比长英质片岩的抗风化能力低得多,所以白云岩被风化迁移,沟谷就开阔。

(2)观察长英质片岩与碳酸盐岩的接触带,可见接触带产状并不平整,白云岩产状不清,云母石英片岩亦呈团块状,两种岩石发生过交代作用,使原本纯白的白云岩内部有很多暗色矿物条带,所以这里的白云岩不适合制作"大白粉"。

(3)观察本点对面人为挖出的石墨大理岩,可见本处大理岩裂隙中含有较多的石墨,由于黑色的石墨掺杂到白色的方解石颗粒之间,造成大理岩局部变黑(图 2-39)。目估大理岩中的石墨矿化的厚度为 2 m 左右,石墨含量在 5%~10%,局部石墨矿化程度较高,可达到 20% 左右。下元古界秦岭群(Pt_1q)中的石墨大理岩是秦岭群的典型岩性,也是该群的代表性岩性,与秦岭群时代相似并相互接触的震旦-中奥陶统葫芦河群下岩组$((Z-O_2)h^a)$常见岩性也是云母石英片岩、条带状混合岩、角闪石云母片岩等,但少见大理岩,更没有石墨大理岩,所以石墨大理岩是区分这两个群的重要标志。石墨矿化也是天水地区重要的非金属矿化之一。震旦-中奥陶统葫芦河群下岩组$((Z-O_2)h^a)$将在温家峡和康家崖实习路线中见到。

图 2-39　别川河大白粉厂南侧 300 m 处的石墨大理岩

(4)绘制一张石墨大理岩的素描图,比例尺为 1∶500,要求将大理岩中的石墨矿化反映出来(参考图 2-40)。

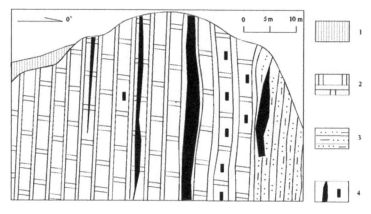

1—黄土；2—大理岩；3—云母石英片岩；4—石墨。

图 2-40　别川河石墨大理岩素描图

思考题：

(1) 石墨为何会与大理岩共生？石墨原来是由哪些物质变质而来的？

(2) 比较一下这里的石墨与渭河峡口泥岩中的石墨的形成环境的差异，这些差异说明了什么问题？

(3) 石墨大理岩是哪两套相近地层区分的标志？

No.6

位置：清水县别川河大白粉厂正南 30 m—进沟 20 m 左右，共 30 m 左右范围内。

实习内容：

(1) 观察这个小沟两侧的地形，沟南为白云岩，白云岩抗风化能力低，所以南坡坡度较缓；沟北为正长花岗岩，石英含量高，耐风化，所以北坡陡峻。本小沟就是矽卡岩化带，是被流水剥蚀形成的。

(2) 观察正长花岗岩与石英片岩的侵入接触关系，可见正长花岗岩局部沿石英片岩的片理方向侵入老地层，并且正长花岗岩与秦岭群接触部位边部还有老地层"捕虏体"，如图 2-41 所示。

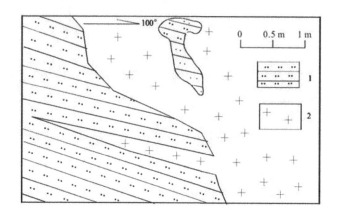

1—石英片岩；2—正长花岗岩。

图 2-41　别川河大白粉厂附近侵入接触关系和"捕虏体"

(3)画一张大比例尺的素描图,将花岗岩与下元古界秦岭群的接触关系反映出来,注意石英片岩片理方向与侵入的"花岗岩脉"方向要一致(参照图 2-41 绘制)。

No.7

位置:大白粉厂南部支沟进沟 50~70 m 范围内。

实习内容:

(1)观察矽卡岩化带,可见强烈的交代作用,使碳酸盐岩矽卡岩化,原来纯白色的白云岩变成灰色,这是花岗岩中的铁质向碳酸盐岩迁移的结果。酸性岩浆岩中的硅酸根取代碳酸根形成灰色的"硅灰岩",白色碳酸盐也向正长花岗岩中迁移,使肉红色花岗岩变成粉红色。在矽卡岩花带上方,还能见到经过交代作用形成的磁铁矿被氧化成褐铁矿,使地表破碎岩石中充填大量的褐铁矿。

(2)观察该处的"铁矿点"。这里 2008—2012 年大量开采铁矿(当时铁矿价格高),有开矿坑道。这里曾经堆放过铁矿石,可以随地捡到"磁铁矿"矿石。观察磁铁矿的颜色(黑得发亮),用磁铁矿吸引罗盘的磁针,感受一下磁铁矿的磁性,也可以用手掂一掂磁铁矿的重量,感受一下磁铁矿的比重;分辨一下铁矿石中的磁铁矿条带;用小刀划一下,了解磁铁矿的一些硬度。最后,用自己的语言描述一下磁铁矿,一定要学会识别磁铁矿。

(3)磁铁矿矿物:这是铁矿石首选矿物,含铁量高,具有很强的磁性,其化学式是 Fe_3O_4(四氧化三铁),铁黑色,条痕为黑色,半金属-金属光泽,不透明,无解理,硬度为 5.5~6,相对密度为 4.9~5.2,是岩浆作用和接触交代作用的产物,在基性和超基性岩浆岩中常见。

思考题:

(1)形成矽卡岩需要什么条件?

(2)矽卡岩型铁矿是怎样形成的?我国著名的矽卡岩型铁矿是哪一个?

(3)磁铁矿的化学式是怎样的?磁铁矿中的铁的化合价是多少?

(4)地表的褐铁矿是由什么矿物氧化而成的?为什么只有这里含有大量褐铁矿?

实习任务九　温家峡—辽家河坝地质实习路线

实习任务

(1)了解温家峡西部出口的温泉,了解温泉水温与断裂带深度的关系,分析温泉的成因。

(2)观察温家峡的混合花岗岩、条带状混合岩的结构和构造,了解这两种岩石的矿物成分和成因特点。

(3)观察温家峡的大理岩,了解大理岩的成岩过程,敲一块标本,仔细观察方解石的节理。

(4)观察温家峡的"冷泉",了解"冷泉"的成因。

(5)观察温家峡秦岭群(Pt_1q)与葫芦河群(($Z-O_2$)h^a)之间的"韧性剪切带",并用素描图将这一构造现象表现出来。

(6)观察葫芦河群(($Z-O_2$)h^a)与上覆的白垩系砂砾岩之间的角度不整合关系,并绘制"角度不整合接触关系素描图"。

(7)观察葫芦河群(($Z-O_2$)h^a)薄层状石英片岩和黑云母绿泥石角闪石片岩的岩性特征,分析石英片岩和角闪石片岩的抗风化能力。

(8)观察辽家河坝7615铀矿点,了解该铀矿点的地质特征,用FD-3013B辐射仪感受一下铀矿的放射性。

一、位置

天水市麦积区街子镇温家峡-辽家河坝。

二、路线

从学校乘坐9路公交车,到"马跑泉"站下车,转乘38路公交车,到终点站温家峡下车,步行100 m开始实习,到滩子头村,沿"滩(子头)-映(月湖)公路"向东步行1 km,到达下一个实习点,之后再沿滩映公路步行5 km到达辽家河坝"映月湖"景区,实习路线长度约为9 km。

三、实习内容

(1)观察下元古界秦岭群条带状混合岩和大理岩基本特征。

(2)了解温家峡"温泉"的成因,了解区域大断裂的证据。

(3)观察温家峡"冷泉"的特点,了解其成因。

(4)观察下元古界秦岭群与震旦-中奥陶统葫芦河群之间的分界线——"韧性剪切带"的基本特征。

(5)观察、描述、绘制白垩系与震旦-中奥陶统葫芦河群之间的不整合接触关系。

(6)观察、对比秦岭群岩性与葫芦河群岩性之间的差别。

(7)了解放射性矿产的基本特点和简单成因。

四、观察点

No.1

位置:宏罗村温家峡西口,进入峡谷100 m左右区段。

实习内容:

(1)了解天水地区的区域大地构造位置:天水地区位于华北古陆板块与秦岭褶皱系的交界部位,这两个大地构造单元的分界线就是秦岭北坡与渭河平原之间的深大断裂,该深大断裂的深度超过地壳,可达上地幔,深断裂的主要证据是西安东部临潼区的"华清池"温泉(这里在古代一直是皇家旅游、洗澡的场所)和西安西部眉县太白山下的"汤峪温泉"(这里水温高达70 ℃)。

该深大断裂向西延伸称为"天水-宝鸡深大断裂",本断裂向西经天水-武山后深度逐渐变浅,表现在温泉上,温泉温度逐渐降低。温泉与深大断裂之间可以相互印证。

(2)观察这里的地形,可见西部较平坦,东部高山峡谷。这是由于下元古界秦岭群,以抗风化能力强的混合花岗岩、条带状混合岩为主,西部是白垩系砂砾岩,抗风化能力弱而遭到剥蚀。

(3)了解沟口的"温泉",天水市政府开发旅游资源,在这里抽取的地下水,地下水温度有35 ℃左右,属于刚刚能够供人洗澡的温度。这里是天水-宝鸡深大断裂所在地,由于深大断裂存在,当地表水渗入地下深处,吸收了地球内部热量以后,在压力作用下又返回到地表,形成温泉,所以,有温泉的地方一定存在深大断裂。

(4)观察下元古界秦岭群(Pt_1q)中的混合花岗岩,这是一种深变质岩。原岩是石英砂岩和泥岩,经深埋以后重熔、重结晶,将泥质成分转化为云母,硅质成分转变为长石和石英,在地壳抬升以后,出露于地表。仔细观察,可见岩石局部肉红色钾长石板状晶体粗大(图2-42),长石和石英结晶完整,浅色矿物与暗色矿物完全分离,形成"条带状"构造,所以这里大部分地段属于混合花岗岩和条带状混合岩。

图2-42 温家峡混合花岗岩和条带状混合岩

(5)挑选有代表性的小区域,画一张素描图,能够反映出条带状混合岩或混合花岗岩的形成特点,要求:①以黑色粗线代表暗色矿物条带或暗色矿物线条包裹混合花岗岩;②比例尺选择得大一些,如1∶1或1∶5;③用三角板量取"暗色矿物"和"浅色矿物"条带的宽度,将素描图画得精确一些;注意暗色矿物条带的连续性(但不同局部,宽度变化较大)。请参考图2-43,注意:图2-43是根据图2-42,用岩性花纹表现的地质现象,在这里公路左侧的不同地段的地质现象是有差别的,需要选择有代表性的地段做素描图。

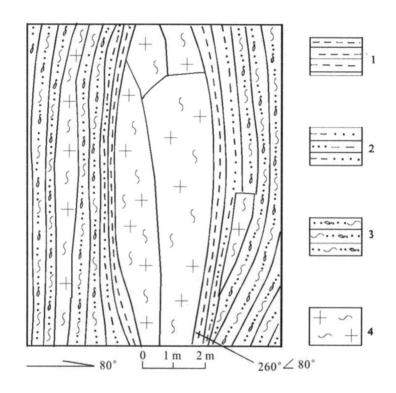

1—云母片岩;2—云母石英片岩;3—条带状混合岩;4—混合花岗岩。

图2-43 温家峡混合花岗岩和条带状混合岩素描图

(6)将此处下元古界秦岭群的深变质岩与其他路线(渭河峡口和别川河、牛头河)观察认识的深变质岩(石英片岩、混合岩、混合花岗岩等)进行比较,建立变质岩变质程度不同,形成的岩石特征有差异的认知,分析变质程度由浅到深形成岩石类型的组合特征。

No.2

位置:温家峡进峡谷约150 m。

实习内容:

(1)观察这里的大理岩,敲击岩石,观察其中的方解石晶体颗粒的大小。

(2)观察大理岩表面的铁染现象和方解石被流水迁移再沉淀(次生方解石)的情况。

(3)观察认识大理岩中的节理构造,此处节理为剪节理,节理面有羽状条带构造面(可见擦痕),测量X共轭剪节理面产状。

(4)仔细观察大理岩的矿物成分,大部分地段是白色的方解石晶体,但从陡壁上能敲击到浅黄色的文石,文石遇盐酸也会剧烈起泡,说明它的化学成分也是$CaCO_3$,但文石是柱状矿物,与方解石的颗粒状晶体差别很大,文石与方解石之间属于"同质异象体",即化学成分完全相同,但结晶形态完全不同的两种矿物。

思考题:

(1)大理岩的原岩是什么?原岩是在什么环境下沉积的?

(2)这里的大理岩中的方解石颗粒为什么没有渭河峡口的大?试分析原因。

(3)什么是同质异象体?试举例说明。

No.3

位置:No.2再向东150 m公路弯道外壁处。

实习内容:

(1)识别断层,观察该点断层及其断层面的特征,寻找断层的标志和证据(如构造角砾岩、擦痕和镜面构造透镜体等),并判断断层性质。

(2)仔细观察断层产状,可见此处断层面产状与坡向坡角一致,公路施工中称为"正山",需要剥离上盘,否则会诱发崩塌事故。

No.4

位置:温家峡沟内1.8 km河对面南向小支沟沟口。

实习内容:

(1)观察这里的泉眼,可见水流很小,每隔5分钟左右往外冒气泡,测量这里的泉水温度为18.6 ℃,属于"冷泉"(低于30 ℃),并且一年四季都是这个温度,夏季来到时感觉水凉,冬季能看到"冒热气"现象(尤其是下雪的时候)。显然,这里远离"温泉"位置,地下水渗入的深度有限,所以水温不高(图2-44)。2012年中国科学院地质与地区物理研究所曾在这里开展温泉研究活动。

图2-44 温家峡南向支沟沟口的冷泉

(2)观察这里的眼球状、肠状、条带状混合岩,大部分岩石呈"黑白相间"的条带,有些长英质脉体宽度可以达到30~40 cm,暗色矿物条带属于黑云母和角闪石,宽度较小,如图2-45所示。

图2-45 温家峡条带状混合岩及其长英质脉体

(3)观察地形,这里长英质矿物在岩石中占比很大,抗风化能力强,因此,流水在陡坎处形成落差3~4 m的瀑布。

思考题:

这里的"恒温泉",能否反映大断裂的存在?为什么?

No.5

位置:距温家峡东部出口约500 m,公路拐弯处。

实习内容:

(1)观察此处的韧性剪切带,这里是下元古界秦岭群(Pt_1q)与震旦-中奥陶统葫芦河群下岩组(($Z-O_2$)h^a)的分界线,点西为Pt_1q,岩性以条带状混合岩和混合花岗岩为主;点东为($Z-O_2$)h^a,岩性以云母石英片岩和云母绿泥石角闪石片岩为主,这两套地层的显著差别是角闪石和黑云母含量的差别。该韧性剪切带为北北东向。可见韧性剪切带中含有大量岩石块体,角闪石和黑云母含量高的岩层,韧性较强,受力后发生弯曲较多,而石英长石含量高的岩石,脆性较强,受力后容易发生破裂,形成断层和节理。

(2)测量韧性剪切带中的断层产状,绘制一张比例尺为1:100左右的素描图,将韧性剪切带反映出来(参考图2-46),注意观察韧性剪切带中大的岩石块体中的原始层理或片理。

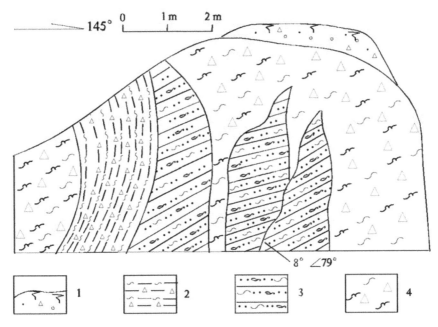

1—坡积物；2—碎裂状云母石英片岩；3—条带状混合岩；4—含香肠状构造的碎裂岩。

图 2-46　温家峡韧性剪切带素描图

(3)观察点东部黑云母石英石片岩和角闪石片岩特征,可见局部为黑云母片岩,黑云母含量几乎达到100%,有时黑云母和角闪石混在一起,很难用肉眼区别它们,这反映出它们是由海底基性火山岩喷发所形成的,与下元古界秦岭群差别较大。

思考题：

下元古界秦岭群长英质矿物含量很高,反映了什么问题？结合学习情境一"区域地质"中的表 1-1 说明问题。

No.6

位置：滩子头村 240°方向 400 m 处,温家峡东部出口。

实习内容：

(1)观察该点地形,可见高山峡谷地貌,突然变得平坦,说明其基底岩性发生很大变化,与 No.1 的地形变化一样,成因相同。

(2)观察点西部较远处黑云母石英片岩的产状较缓,再往东岩石产状近于直立,虽然岩性还是黑云母石英片岩为主,但石英片岩中所夹的云母片岩逐渐增多,云母片岩中角闪石含量增大,局部少见石英,岩性为黑云母角闪石片岩。产状变化较大的岩性之间肯定含有一条断层破碎带,该破碎带很可能是距离"韧性剪切带"较近的平行断裂带。

(3)观察点东的白垩系紫红色砂砾岩,了解其产状。

(4)绘制一张 1：1 000 比例尺的素描图,将白垩系与震旦-中奥陶统葫芦河群（$(Z-O_2)h^a$）地层的角度不整合反映出来,注意剖面方位与地层产状之间的关系(剖面图要反映"视倾角")。请参考图 2-47 绘制素描图。

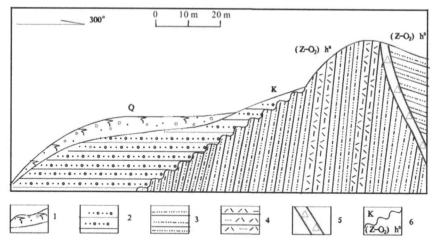

1—坡积物;2—紫红色砂砾岩;3—黑云母石英片岩;4—黑云母角闪石片岩;5—构造破碎带;
6—不整合线;Q—第四系;K—白垩系;$(Z-O_2)h^a$—震旦-中奥陶统葫芦河群下岩组。

图 2-47 温家峡滩子头附近角度不整合接触关系

No.7

位置:滩子头村 50°方向 1 km 处。

实习内容:

(1)观察这里震旦-中奥陶统葫芦河群上岩组($(Z-O_2)h^a$)的深变质岩,主要岩性是薄层状黑云母石英片岩和黑云母绿泥石角闪石片岩及少量变粒岩,这是海底中基性火山喷发形成的海底火山碎屑岩,含有大量的泥质(火山灰)和铁质成分,经沉积变质作用形成的具有角闪石相的深变质岩。在 20 世纪 70 年代开展的放射性测量中,这里的老地层都被划到泥盆系,根据现有资料,将该地层划到葫芦河群才是准确的。

(2)观察这里的地表土壤和零星的白垩系砂砾岩,测量白垩系基岩产状和葫芦河群地层产状,从产状上能否推断这里存在不整合面?

思考题:

为什么这条沟其他地方的坡度很小,这里的坡度却比较陡峻?从岩石的抗风化能力方面去思考。

No.8

位置:辽家河坝映月湖北侧小支沟沟口,天水石门风景区西侧。

实习内容:

(1)观察 7615 铀矿点,勘查概况:1972 年—1974 年 4 月,当时的核工业二○七工程指挥部

(甘肃工业职业技术学院前身)下属的 219 大队和 216 大队在这里开展了铀矿勘查工作,共投入钻探 4 372 m,硐探 3 532 m,发现表外铀矿体长 50.5 m,厚 2.6 m,平均品位 0.021%,最高品位 0.065%,属于花岗岩接触带中的淋积型铀矿点。

(2)观察铀矿点附近岩石,在公路东部 20 m 处,即可见到印支期正长花岗岩($\xi\gamma_5^1$),这里是火炎山岩体的一个分支岩体——五山子岩体的北部接触带。花岗岩中肉红色钾长石含量很高,其次是石英,基本看不到黑云母。接触带附近的地层主要是葫芦河群中的石英岩、混合岩和云母石英片岩,岩石破碎强烈,铁染现象普遍。

(3)用 FD-3013B 型辐射仪测量路边护坡上面基岩的放射性(图 2-48),可见其中的放射性 γ 强度都在 40γ 以上,最高可达 80γ,在放射性测量中,这些都属于"较高异常",是值得进一步开展地质工作的地方。

图 2-48 辽家河坝 7615 铀矿点伽马测量(右侧女生手持辐射仪)

(4)进沟 200 m,观察这里的坑道,在坑道口周围用伽马辐射仪测量,看哪里射线强度大,会发现坑道口正面边坡处伽马强度大,用地质锤刨一个小坑,将仪器探头放入测量,会发现这里的伽马强度能达到 120γ 以上,表明这里是坑道采出的放射性矿渣。2016 年甘肃工业职业技术学院建设地质园放射性物探实训场时,在这里采集了 2 车约 8 吨铀矿渣,制造了 20 m 长的含放射性的水泥路,用于放射性物探实习。经检测,被掺入水泥的含放射性矿渣的路面仅有弱放射性异常(最高仅为 30γ),只能用于教学,对人体不会构成任何伤害。

(5)沿接触带边界查看一下,会发现这里的接触带并不平直。这种复杂的接触关系有利于成矿,杨家山-辽家河坝-杨家坪一带有 6~7 km² 的 1:20 万金的水系沉积物异常,其找矿前景尚不明确。

思考题：

(1)结合图 1-2 礼县中川地区铀矿和学习情境一"西秦岭地区矿产"(铀矿)思考，为什么铀矿总与酸性岩浆岩有关？提示：从铀的地球化学性质上思考。

(2)什么叫金矿和铀矿的"同带异位"现象？提示：从学习情境一中寻找答案。

(3)金矿和铀矿的地球化学性质有什么不同？提示：从金矿和铀矿的地球化学亲和性中寻找答案。

▶ 实习任务十　康家崖—观景台地质实习路线

实习任务

(1)了解观景台被废弃的原因。

(2)了解丹霞地貌的成因，绘制一张丹霞地貌示意图。

(3)了解葫芦河群中的断裂构造。

(4)了解天水-宝鸡高速公路康家崖隧道口附近的角度不整合关系，并用素描图的形式将这种典型的地质现象表现出来。

一、位置

天水市麦积区麦积乡东部观景台－康家崖高速公路立交桥。

二、路线

从学校乘坐 9 路公交车，到"马跑泉"站下车，转乘 37 路或 60 路公交车，到"净土寺"站下车，沿麦积乡-党川乡公路步行 3 km 到达观景台开始实习，实习路线长度约为 1.5 km。

三、实习内容

(1)实地观察观景台场地的地基开裂情况，了解松软地层对建筑物的危害。

(2)了解丹霞地貌的成因。

(3)观察震旦-中奥陶统葫芦河群变质岩的基本特点和其中的断层。

(4)观察、描述、绘制白垩系与震旦-中奥陶统葫芦河群的角度不整合接触关系。

(5)观察白垩系砂砾岩的基本特点。

四、观察点

No.1

位置:麦积乡-党川乡公路康家崖东马家山梁上天水市修建的观景台。

实习内容:

(1)观察丹霞地貌,了解丹霞地貌的成因。从这里可以看到天水旅游热点区之一的"仙人崖"山顶(图2-49),还有很多"独立峰"(图1-10)。独立峰的成因:上白垩统紫红色砂砾岩不同局部的胶结物差别很大,由于硅质胶结的砂砾岩抗风化能力强,而铁质、泥质和钙质胶结的砂砾岩抗风化能力弱,加之岩石中含有垂直节理,在岩石受到风化后,从垂直节理处断开,含有硅质胶结的砂砾岩就保留下来,而其他胶结物形成的砂砾岩被风化剥蚀、坍塌,于是就形成"麦积山""仙人崖"等独特的地貌景观;有些岩石中铁质较多,使岩石整体成为褐红色,类似于广东韶关仁化县的丹霞山,故称丹霞地貌,这些地貌是天水旅游的热点地区。

图2-49 仙人崖的丹霞地貌(图中是带队教师罗清华)

(2)绘制一张丹霞地貌的示意图,能反映出丹霞地貌的独立峰即可(可以画少量砂砾岩的水平花纹),比例尺选择在1∶5 000左右。

(3)了解观景台地基开裂情况,可见,要在这里修建建筑物,必须首先开展地基承载力检测,在确认安全的情况下才能修建建筑物。若地基不稳,必须采取必要措施予以防范,否则,极易造成安全隐患,即使再好的建筑物,也只能废弃。

No.2

位置:观景台下方 500 m,公路拐弯处。

实习内容:

(1)观察这里的老变质岩,特别是角闪石片岩、石英片岩和云母片岩,对不同的岩石辨别其中矿物成分的相对含量,并详细描述。

(2)观察这里岩石中的节理和断层,测量这些节理或断层的产状,分析原岩受力情况。

No.3

位置:天水-宝鸡高速公路康家崖立交桥 85°方向约 200 m 处。

实习内容:

(1)观察这里葫芦河群中的地层,可见地层中团块状或眼球状混合花岗岩很多,但混合花岗岩连续性差,层厚忽大忽小,混合花岗岩外面被塑性很强的黑云母角闪石片岩与薄层状云母石英片岩包裹起来,混合花岗岩中心的钾长石斑晶明显增大。

(2)观察这里的混合花岗岩和其旁边的断层破碎带,可见混合花岗岩和断层破碎带都被晚期的一条断层破坏,从相对盘的运动方向可见,这里是正断层。

(3)绘制一张正断层的素描图,比例尺约为1∶100,要求将正断层、混合花岗岩、破碎带、黑云母角闪石片岩与薄层状云母石英片岩互层等地质现象都反映出来(参考图 2-50)。

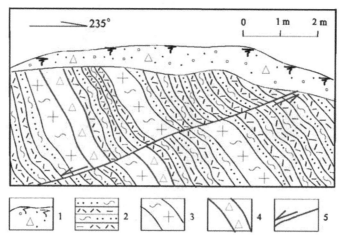

1—坡积物;2—绿泥石石英片岩与黑云母角闪石片岩互层;3—混合花岗岩;4—破碎带;5—正断层。

图 2-50 康家崖立交桥附近葫芦河群中的断层

(4)观察本点,在点西约 10 m 处还能看到一条宽度为 8.5 cm 的硅质脉体,产状 95°∠32°,横穿绿泥石石英片岩,与上述正断层方向基本一致,但被顺层断层切成三段,从断层两盘的相对运动方向可见,这些顺层断层也属于正断层。从两组正断层的相互关系可以判定:切层断层显然是晚期断层,而顺层断层是早期断层。

(5)绿泥石石英片岩呈青灰色,绿泥石占20%~25%,石英占75%~80%。

(6)绘制一张1:50比例尺的素描图,将上述硅质脉被断层切割成3~4段的地质现象反映出来(参考图2-51,注意花纹符号的含义:四个小点代表石英,占80%;波浪线代表绿泥石,占20%)。

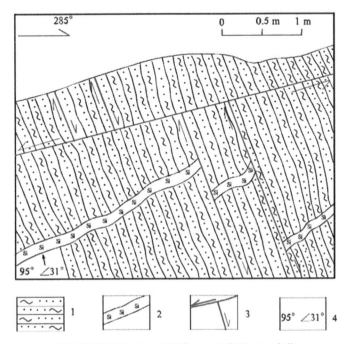

1—绿泥石石英片岩;2—硅质脉;3—正断层;4—产状。

图2-51 康家崖立交桥附近顺层断层素描图

思考:

(1)分析正断层的成因。

(2)断层、混合花岗岩旁边的破碎带,哪个形成时间更早一些?

(3)这里的构造活动,大致经历了几期?

No.4

位置:天水-宝鸡高速公路净土寺隧道口东100~300 m区段,公路旁。

实习内容:

(1)观察这里葫芦河群中的断层(图2-52),可见左侧岩石产状很陡,中间岩石突然变缓,右侧岩层产状又变陡,结合断层面的岩层有拖拉现象,可判断这里经历了两次推覆作用,形成了两个逆断层。

图 2-52　康家崖立交桥附葫芦河群中的断层

(2)观察地形,比较小沟两侧的岩性,可见,左侧是白垩系砂砾岩,右侧是震旦-中奥陶统葫芦河群下岩组(($Z-O_2$)h^a),石英片岩、黑云母绿泥石角闪石片岩等,老地层岩层产状近于直立,倾角在80°左右(图2-52),而新地层产状平缓(从砾石的长轴方向判断),说明这个冲沟就是"角度不整合"接触线。

(3)通过这里和远处的崖壁(即康家崖),了解上白垩统砂砾岩的胶结程度。敲击岩石,选出较大砾石,观察砾石的磨圆度和砾石的矿物成分,分析判断砾石的可能来源(参阅学习情境一,了解附近的侵入体)和搬运距离。

(4)绘制一张素描图,将这里的不整合接触关系表现出来。比例尺大约为1:2 000(参考图2-53绘制)。要求:图面要有剖面方位,将砂砾岩画成水平层理,老地层测量产状,并结合"野外记录本"后面的"视倾角换算表"换算成"视倾角",再画到图上。

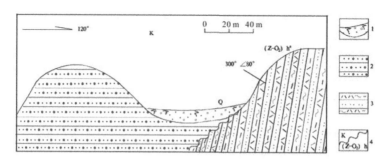

1—坡积物;2—紫红色砂砾岩;3—黑云母绿泥石角闪石片岩与石英片岩互层;4—不整合线;
Q—第四系;K—白垩系;($Z-O_2$)h^a—震旦-中奥陶统葫芦河群下岩组。

图 2-53　康家崖附近角度不整合接触关系

思考题:

这里的不整合接触与温家峡滩子头村东部和西部的不整合接触之间有什么联系?两者老地层的岩性有什么差别?

实习情境三　地质认识实习的基本要求和实习报告

相关知识

（1）地质认识实习是在学完地质学基础或普通地质学以后的一次全面的地质知识检验和技能提高的机会，对于涉及"资源勘查类"专业的学生来说非常重要，需要予以高度重视。

（2）地质认识实习涉及矿物学、岩石学、构造地质学、矿床学等课程知识，根据教育部高职高专职业资源勘查类专业教育教学指导委员会制订的专业标准，只需要将"最基本"的知识或技能教给学生即可，"基本知识"和"基本技能"属于学生"应知应会"的内容，要求学生必须掌握。

（3）地质认识实习的基本要求中包含实习目的、任务，实习安全要求、野外记录本的基本要求等内容，这些"规则"属于学生日后走上工作岗位必须遵守的基本原则，扎实的地质基本功的训练是必不可少的。

（4）实习报告是地质认识实习的全面总结。实习报告的编写提纲完全是模拟生产报告执行的，所以学生掌握编写"地质认识实习报告"将对学生以后走上工作岗位编写"地质生产报告"有深远的影响。

（5）地质认识实习成绩评定规则，是对学生完成实习任务以后评价成绩的基本依据，教师根据这些规则把控学生的实习质量，所以教师和学生都应该认真执行，保证学生顺利学到基本技能。

实习任务一　地质认识实习的基本要求

任务描述

（1）地质认识实习的基本要求是学生开始"出野外"的前提，必须在学生走出校门前，给学生做认真宣讲，一般在"实习动员阶段"就必须完成，实习进行中认真执行。

(2)学生实习的目的性一定要强,这是从事真正的"地质生产"的起点,一定要认真对待,切忌盲目实习。

(3)安全生产是永久话题,没有安全意识,一切都无从谈起。

(4)纪律要求是完成实习任务的保障,没有铁的纪律,实习队就会变成一盘散沙,无法保障实习的顺利进行。

(5)野外记录要求,完全是按照正规的"野外地质路线调查"的格式进行的,这是保证实习质量的最基本的要求。

一、实习目的

(1)通过野外实地观察,对课堂所学的地质基本知识进行应用。一个地质现象的观察和分析,离不开矿物、岩石、地质构造、地质作用等最基本的地质知识。要想获得地质知识和地质技能,就需要有扎实的理论知识,将这些理论知识应用在生产实践中,逐步提高对"基本理论"的感性认识,了解地质学科的科学性、复杂性,为以后生产实践奠定良好的基础,这是根本目的。

(2)在对地质体获得感性认识的基础上,对其进行地质测量、描绘,这就需要学生首先学会地质工作的基本方法,对一些简单工具学会使用,会阅读和使用简单的地形图和地质图,会收集地质资料,并对地质现象进行必要的记录、描绘和简单的汇总。这些基本技能的训练,使学生可以了解并初步掌握野外地质工作的一般方法,培养学生勤劳、踏实、严谨的工作作风,增强学生对地质工作的责任感、事业心,这是主要目的。

二、实习要求

1. 安全和纪律要求

安全要求:①听从指导老师的安排,不容许擅自改变实习路线,不得随意跑到规定路线以外的地段,以防安全事故的发生。②不得违章操作,如攀爬陡崖、河边嬉闹,严禁下河游泳、洗澡,以防溺水事故的发生。③注意乘车安全,路边实习时注意来往车辆,包车实习时,一定要文明乘车,不要将争抢座位、相互拥挤等不文明现象带到车上。④路边实习对,防止山上落石砸伤。⑤去野外时一定要做好必要的防护,如穿长裤(女生不允许穿裙子),防止蚊虫叮咬;穿运动鞋,防止岩石或荆棘划伤;戴草帽,防止晒伤。⑥防蛇咬,走在野草较高的山上,前面的同学用一根小棍"打草惊蛇"。

纪律要求:①按时到指定实习地点集合,不得迟到、旷课。②听从命令,统一解散、乘车,不得逗留野外玩耍,不得离开带队老师视线。③按要求领取实习器材,不得遗失或损坏。④按要求完成当天的野外实习任务,全部野外实习完毕后,按要求提交"野外记录本"和"实习报告",不得拖延或不交。⑤按照要求预习次日实习任务,准备当日的实习结束时预留的作业(思考题)。

⑥每天的实习任务必须当天完成,特别是野外记录,必须在野外完成,素描图可以画"草图",当天回到学校以后要整理,按照规范的要求绘制,当天的小结也必须按时完成,带队老师次日要检查。

2.野外记录的一般要求

野外记录本要求用2H或3H铅笔书写,不允许用HB铅笔、中性笔、圆珠笔等书写。野外记录要保持原始性,不允许使用橡皮擦涂改,这属于弄虚作假,有后期修改记录的嫌疑;但允许划改,即将原来写错的字轻轻划掉(原来的字迹必须能看清楚),再在附近其他地方书写正确的内容,这属于纠错。更不允许将野外记录本放在学校,带其他本子上山记录,事后再转抄。但允许将地质素描图草图画在其他本子上,当天回到学校再整理到野外记录本上。野外记录本上的数字(如产状)要求核实以后,上墨(用黑笔描一遍),一旦上墨,再不允许修改。

野外记录的格式如下。

(1)按要求书写"目的和任务"。"目的"一般有若干个(根据实习观察点的数量而定),"任务"一般有1~2项,主要描述实习工作量,即实习线路长度,实习描述的点数,实习绘制素描图的张数;"目的任务"一般由指导老师口述,学生抄写即可,也可参照实习指导书进行预习,自己编写实习目的。

(2)路线号、点号编写。"路线号"按照实习日期顺序书写"D-1""D-2"等,依次类推,路线号在"目的任务"后面隔1~2行居中书写。点号依每天的顺序编写,如"No.1""No.2"等,也是居中书写。

(3)记录内容格式。定点和点位描述:用罗盘对某标志定位,用交汇法(距某1标志物XX°与某2标志物XX°交汇处)或极坐标法(某标志物XX°YY m处),"点位"二字顶格书写;点性:即本点的"性质"或"地质意义",常用"构造点""岩性点""滑坡点""地貌点""水文点"等词语描述,有时一个点的地质意义较多,也用"综合点"来说明,"点性"二字也是顶格书写;描述:本点的地质现象、成因分析等,描述内容可根据点的地质意义适当取舍。地质认识实习的野外观察点都是精心选取的"教科书式"典型地质点,学生可以根据老师的讲述进行必要的综合或将重要的知识点进行精炼,简单的地质点要求描述50字左右,复杂的地质点的描述不要超过200字。"描述"二字顶格书写。有些地质现象使用大段描述,不如使用素描图描绘。素描图能够将地质现象"突出"反映出来;允许学生现场拍摄照片,但照片受到各种环境条件影响(如植被覆盖、产状不清等),不一定能完全反映地质现象,允许学生参考照片(比如真实的地层产状)绘制地质素描图。地质素描图是地质工作者开展地质工作的"硬功夫",地质素描图是按照规定的花纹(见附录B、C)描绘地质现象,它能将地质现象完整地展现出来。素描图要有主图、图名、比例尺、剖面方位、图例(图例规格是8 mm×12 mm)等,缺一不可。素描图一般画在野外记录本的"厘米纸"上,并且不要超出厘米纸的范围。地质路线调查的要求是:野外地质现象素描图的数量不少于记录点数的30%,这是专业规范对地质路线测量的基本要求。

(4)工作小结的写法。小结是对一天的地质现象进行总结与回顾,小结需要描述:①工作量,即"今天完成了××个点,线长×× m,画了××张素描图"。②地层,即见到了哪个时代的什么地层,主要岩性有哪些。③构造,即见到哪些构造(断裂、褶皱、节理、劈理等),规模有多大。④岩浆岩(包括岩浆岩脉),要描述岩浆岩的岩性、侵入地层时代、造山运动时代等基本内容。⑤其他:如矿产(包括金属矿产和非金属矿产)、水文地质、工程地质、地质灾害等。⑥实习收获,描述当天的收获,即认识了什么地层,学会了哪些技能等。小结要求一般在300字以上,才能总结出实习内容。小结在正文后隔行书写,"小结"二字要居中书写。

实习任务二　地质认识实习报告的编写

任务描述

(1)地质认识实习报告必须按照规定的格式书写。

(2)实习报告一般都是在野外实习结束以后编写。学生编写实习报告也属于实习,不要片面认为只有"出野外"才是实习。这是因为每个地质项目执行完毕以后。都需要提交项目资料(包括报告和图件),这是上级验收成果的依据。学生提交报告,是评价学生实习成绩的依据。

一、实习报告的一般要求

实习报告要能够反映实习的全过程,学生个人的实习态度和认真程度。实习报告包括文字部分和插图部分,文字要求用中性笔或圆珠笔书写,字体规范、字迹清晰。图件要求清晰完整,禁止使用"半成品"(图区范围内某些地段空白),要求先用铅笔绘制,经指导老师确认无误以后再上墨。

二、地质认识实习报告提纲和基本要求

第一章　实习的目的、任务

一、目的

提示:这是整个实习的总目标,相当于地质学理论中的矿物学、岩石学、地层学、构造地质学、矿产地质等内容都要全面实习。不要把每天的目的都抄上,但可以参照本书"实习情境三"中"实习任务一"的"实习目的。"

二、任务

要简述跑了几条线、共多少点、线长共多少公里、画了多少张素描图等实际工作量。

实习日程表

日期	实习内容	备注
	（到某地主要实习项目）	（天气等）

注：一天一行，从实习动员开始，直到提交实习报告止，不能缺勤，否则以旷课论。

第二章 实习区交通、自然地理、社会经济概况

提示：本节描述实习区位置（行政区划）、铁路和公路交通、实习区海拔高度、降雨量、主要经济（农作物和工业发达程度等）。以下内容可作为参考。

一、交通

本地区属于甘肃省天水地区，有陇海铁路贯穿实习区，2017年7月9日还开通了高速铁路，并与全国的高铁网络连接。天水市向东有宝鸡-天水高速公路连接陕西，向西也有天水-兰州高速公路与省会相连。麦积区东南部实习区有麦积区-贾家河公路相连，其他地段也都有省道或县道可供通行，实习区大部分地段都有市郊车直达，交通方便。

二、自然地理

本地区海拔高度在1 000~2 100 m之间。工作区基岩出露不太完整，植被发育较好，地形起伏较大，但沟底和梁顶相对较平缓。天水地区属温带半干旱气候，年平均降雨量约510 mm，且多集中于七、八、九月份。年平均气温15 ℃，无霜期250天。

三、社会经济要素

本区农业人口较多，劳动力资源丰富。主要农作物是小麦、玉米、土豆、水果等，天水市周边经济相对较发达，其余山区经济欠发达。农作物中，以"花牛苹果"名气较大，其余经济作物较少。旅游以伏羲庙、麦积山、仙人崖、石门等地为主。电力供应充足，工业较发达。

第三章 实习区矿物

主要描述你见到的矿物的颜色、光泽、晶形等肉眼特征。

一、金属矿物（别川河）

1. 赤铁矿和褐铁矿

2. 磁铁矿

二、非金属矿物

1. 云母

2. 长石

3. 石英

4. 方解石(文石)

5. 石墨

6. 白云石

本节常见问题:

(1)大量抄书,把一些矿物的光学性质、分类、用途等全部抄上,这些东西与实习关系不大,对于识别矿物没有多大帮助。

(2)没有该矿物的化学式。

(3)没有反映出该矿物在哪些实习地点出现。

第四章　实习区岩石

每一种岩性都要描述岩石的结构和构造,并且要插入相应的素描图。

格式:×××地方见到×××岩石,其特点是:××时代的××岩,它有×种变种。如:在渭河峡口 X 线 No. Y 点见到了下元古界秦岭群(Pt_1q)大理岩,该岩石由结晶完好的大颗粒方解石组成。该岩石为倾斜岩层,产状近XX°∠XX°,层理清楚,含有顺层逆断层,见图 Z。

一、沉积岩(物)

1. 正常沉积岩

第四系(Q)坡积物,黄土;其中坡积物广泛分布,面积很大,但厚度较小;黄土主要分布于山梁附近,厚度大部分在 5 m 左右,以厚层状粉质黏土为主,分布广泛。

新近系(N)砂砾岩;描述你在实习中观察到的砂砾岩中砾石成分、胶结物、砂和砾石的相对比例、颜色等。

白垩系(K)泥岩、砂砾岩、含砾粗砂岩、底砾岩等。

下元古界秦岭群(Pt_1q)白云岩、白云质灰岩。

2. 非正常沉积岩(别川河)

熔结凝灰岩、火山角砾岩、火山集块岩。

本节常见问题:很多同学将板岩描述在这里,有些甚至把大理岩也描述在这里,这些都是变质岩。本地区最常见到的是白垩系泥岩(属陆相沉积岩),其次是少量的下元古界秦岭群的白云岩等。

二、变质岩

1. 深变质岩

别川河、渭河峡口、温家峡等地:下元古秦岭群(Pt_1q)大理岩、条带状混合岩、混合花岗岩、云母石英片岩;震旦-中奥陶统葫芦河群下岩组($(Z-O_2)h^a$)云母石英绿泥石角闪石片岩夹石英片岩、云母片岩等。

2. 浅变质岩

皂郊袁家河小学对面:粉砂质板岩、泥质板岩、变质砂岩、千枚岩(绢云母板岩)。

三、侵入岩

1. 浅成侵入岩（别川河斑状花岗岩或花岗斑岩脉）

2. 深成侵入岩（别川河和辽家河坝正长花岗岩、二长花岗岩等）

第五章　实习区构造

每一种构造都要附素描图。

一、断层

×××地方见到断层，描述断层的证据、产物、蚀变。

1. 正断层（高家湾、吕二沟）

2. 逆断层（渭河峡口）

3. 正平移断层（皂郊）

4. 韧性剪切带（Pt_1q 与 $(Z-O_2)h^a$ 之间的构造）

二、岩石节理（温家峡老变质岩、别川河火山岩和正长花岗岩、牛头河混合花岗岩等）

三、接触关系

1. 侵入接触关系（别川河和渭河峡口）

2. 整合接触关系（阳坡多个点不同时期、不同颜色、不同成分的泥岩、粉砂岩、钙质砂岩等）

3. 角度不整合接触关系（渭河峡口、温家峡、观景台）

4. 平行不整合接触关系（高家湾后山白垩系泥岩与新近系砂砾石层之间）

四、假流纹构造（别川河）

五、推覆构造（阳坡村黄土中的白垩系泥岩，吕二沟骏睿驾校的"飞来峰"等）

第六章　工程地质和水文地质

一、工程地质（要描述每一种灾害的危害和治理方法）

1. 滑坡（皂郊、学校、吕二沟、阳坡等）

2. 泥石流（吕二沟）

二、水文地质

1. 泉

要描述季节泉（高家湾）、上升泉（温家峡）、下降泉（阳坡）、温泉（温家峡）、冷泉（温家峡）等，还要描述其大致水量。

2. 河流

渭河、别川河、牛头河等。可以简单描述水量、泥沙含量等。

第七章　实习区地貌

一、河漫滩、阶地（渭河峡口），绘制一张渭河峡口的小比例尺素描图，将这些现象都反映出来。

二、描述土林地貌（吕二沟）、河流三角洲（罗家沟冲积扇）这两种地貌的成因。

三、丹霞地貌（描述在观景台看到的丹霞地貌的成因）。

第八章　地质认识

一、认识总结和感想,主要描述收获。

二、存在的问题和下步工作的建议及意见,对自己实习的主观能动性和认真程度做出评价,对教师的组织工作、能力水平做出评价,并针对所有问题提出解决方案。

三、资料要求

(1)野外记录本的内容齐全:本子的题头、每个点的点号、点位、点性、描述都要齐全,每天的小结不可缺少。

(2)记录本插图的要求:剖面图或素描图要有图名(有地名)、比例尺(数字、线段)、主图(主要突出地质内容)、方向、图例(规格 0.8 cm×1.2 cm),图面清晰、美观,标本素描图不要方向。

(3)实习报告素描图:不分章节,顺序编号,一张素描图反映的地质内容较多时,后面的描述用到此图,不需要再画一遍,可以说"见图×"。画在报告里的素描图要精选,挑选最能反映这一地质现象的图,画在报告里。

(4)实习资料提交要求:每个班以小组为单位提交实习资料,每个小组一个档案袋,档案袋内装小组所有成员的实习报告和野外记录本。档案袋上要写明实习名称、实习班级、学生姓名、实习日期等内容。

四、实习方式

采取实习区布置观察路线,观察路线上布置观察点,且以观察点为主的方式进行实习。

具体做法:实行引导→观察→讨论→总结相结合的综合性方式。每到一个观察点,先由指导老师引导,指明观察方法、要点、注意事项;再由学生分头观察并借助简易地质仪器及手段仔细观察,认真测量、详细描绘、充分讨论;最后以教师为主导,学生为主体进行该点总结,进一步明确该点观察到的内容、应掌握的要点和涉及的基本概念,并注意诱导学生透过地质现象,分析形成原因及过程,加强课本与实地、课堂与野外、点与点、点与线、线与线、线与面、微观与宏观、时间与空间、知识理论与野外实践的联系与能力。

▶ 实习任务三　地质认识实习成绩评定

任务描述

(1)地质认识实习成绩评定是教师和学生都必须执行的标准。

(2)地质认识实习成绩一旦被评为"不及格",必须重修,不允许补考。

实习成绩由三部分组成,(考勤+纪律)20%+野外记录本 30%+实习报告 50%。其中纪

实习情境三　地质认识实习的基本要求和实习报告

律考查的关键是野外实习不得有旷课现象（相当于没有完成实习任务），因病、因事缺课必须请假，在征得指导老师允许后才可离开，但最多不得超过2天，必须保证按时提交实习资料，否则仍然按"不及格"上报成绩。

实习报告和野外记录本考查重点：①从野外记录和实习报告文字的规范程度、记录质量等方面考查实习态度是否认真；②从实习日程表书写是否完整、规范、是否旷课等方面考查学生是否完成了实习任务；③从绘制地质素描图规范程度、完整程度、是否缺素描图等方面考查学生基本技能是否掌握；④是否按要求整理了每天的工作小结。

野外记录本常见问题：①实习态度不认真，具体表现为记录简单、随意、错误较多；②没有按照规范要求绘制素描图，主要表现为素描图缺图名、方位、比例尺等，岩石花纹乱画、图例不按规格画，素描图个数不够等；③缺小结，实习内容不全、野外记录本乱七八糟（胡乱涂改）、撕页等。

最终实习成绩按照"优""良""中""及格""不及格"五级制提交成绩。实习成绩一旦被确定为"不及格"，没有补考机会，只能参加下一届学生的实习，重新实习，重新提交实习资料，才有可能及格。

附录 A 岩浆岩代号和分类

一、岩浆岩代号

1. 深成侵入岩

Σ:未分的超基性岩	δ:闪长岩	η:二长岩
φ:纯橄榄岩	δo:石英闪长岩	ηo:石英二长岩
σ:橄榄岩	δβ:黑云母闪长岩	Γo:斜长花岗岩类
ψ:辉相岩（辉岩和角闪岩）	ξδ:正长闪长岩	γo:斜长花岗岩
ψι:辉岩	υδ:辉长闪长岩	E:未分的碱性岩
ψo:角闪岩	Γ:未分的花岗岩	χ:斑霞正长岩
φω:蛇纹岩	γ:花岗岩	χξ:碱性岩
N:未分的基性岩	ηγ:二长花岗岩	ε:霞石正长岩
υ:辉长岩	γι:白岗岩	ξ:正长岩
συ:橄榄辉长岩	γδ:花岗闪长岩	γξ:花岗正长岩
υo:苏长岩	γβ:黑云母花岗岩	ξo:石英正长岩
υσ:斜长岩	ξγ:钾长花岗岩	

2. 浅成侵入岩

ωμ:苦橄玢岩	γι:花岗细晶岩	δχ:斜长煌斑岩
υρ:辉长—伟晶岩	λπ:石英斑岩	ξχ:云煌岩
υμ:辉长玢岩	γδπ:花岗闪长斑岩	εχ:霓霞岩
βμ:辉绿岩、辉绿玢岩	ηπ:二长斑岩	χσ:金伯利岩
δμ:闪长玢岩	ρ:伟晶质岩石	Xc:碳酸盐
γπ:花岗斑岩	γρ:花岗伟晶岩	
ι:细晶质岩石	χ:煌斑岩	

3. 喷发岩

Ω:未分的超基性喷发岩	ζ:英安岩	υ:玻璃岩与隐晶岩
ω:苦橄岩	ζπ:英安斑岩	Φ:未分的钠长斑岩
B:未分的基性喷发岩	ζμ:英安玢岩	ζφ:变英安钠长斑岩
μβ:细晶岩	χτ:角斑岩	αφ:变安山岩、钠长斑岩
β:玄武岩、粗玄岩	Λ:未分的酸性喷发岩	θ:未分的碱性喷发岩
ωβ:苦橄玄武岩	λ:流纹岩	υ:响岩等

附录A 岩浆岩代号和分类

υβ:玄武质玻璃岩
υM:基性熔岩的球粒玄武岩
αβ:安山玄武岩
A:未分的中性喷发岩
α:安山岩
αμ:安山玢岩

λπ:流纹斑岩
λχτ:石英角斑岩
υπ:霏细斑岩、霏细岩
υλ:浮石岩、黑曜岩、流纹熔岩岩、珍珠岩、松脂岩
λφ:石英钠长斑岩
λρ:流岩

τα:粗面英安岩
τ:粗面岩
τπ:粗面斑岩
χτ:碱性粗面岩
χβ:碱性玄武岩

二、岩浆岩分类

岩浆岩主要岩石类型简表

	SiO$_2$含量/%	<45	45～52	52～65	65～75		52～65	
	岩类	超基性岩	基性岩	中性岩	中酸性岩	酸性岩	半碱性岩	碱性岩
	颜色	黑色(深)←灰白(浅)肉红→(深)暗红							
产状	结构	橄榄石、辉石(角闪石)	斜长石、辉石(橄榄石、角闪石)	斜长石、角闪石(辉石、云母)	石英、正长石、斜长石(云母、角闪石)		钾长石(角闪石、黑云母)	副长石、钾长石(霞石)
火山岩	玻璃质及玻基斑状	—	玄武玻璃玄武浮岩		浮石、黑曜岩、珍珠岩、松脂岩			
	细粒、隐晶质基质斑状	—	玄武岩	安山岩	英安岩	流纹岩	粗面岩	响岩
		金伯利岩	—	安山玢岩	英安斑岩	流纹斑岩	—	—
	中细粒、等粒或斑状	苦橄岩	辉绿岩	—		花岗斑岩	正长斑岩	霞石正长斑岩
		苦橄玢岩	灰绿玢岩	闪长玢岩		细晶岩	闪辉正煌岩	—
		—	—	闪斜煌斑岩	花岗闪长斑岩			
侵入岩	伟晶状中粗粒结晶粒状	—	—	—		花岗伟晶岩	正长伟晶岩	霞石正长伟晶岩
		辉岩	辉长岩	闪长岩	—	—	正长岩	霞石正长岩
		橄榄岩	苏长岩					
		—	—	—	花岗闪长岩	花岗岩及斑状花岗岩		

附录 B 常见岩石花纹图案

一、岩石结构构造

左边的花纹在描述的上方,右边的花纹在描述的下方;图中的数字为层厚,单位:mm。

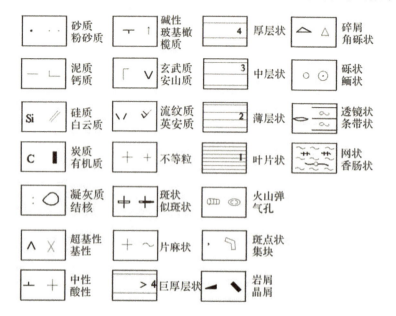

二、松散沉积物和沉积岩

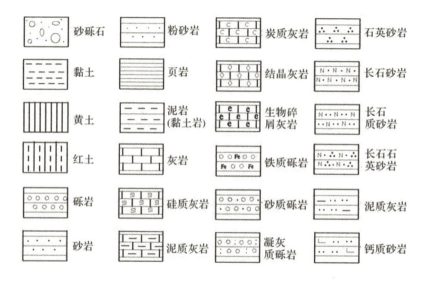

三、岩浆岩花纹

1. 深成岩类

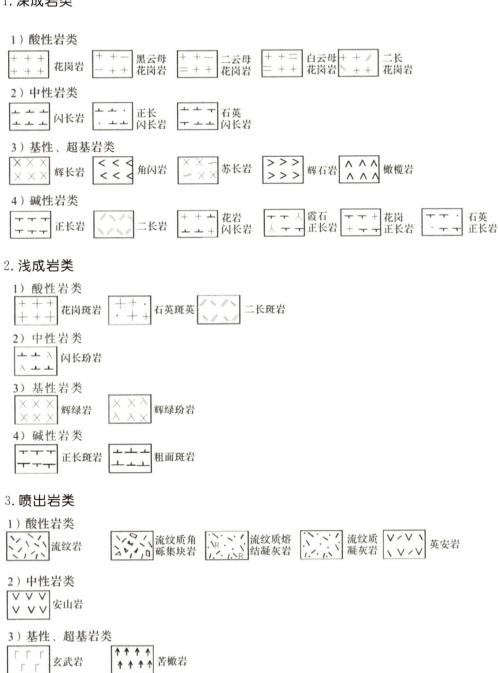

2. 浅成岩类

3. 喷出岩类

四、变质岩

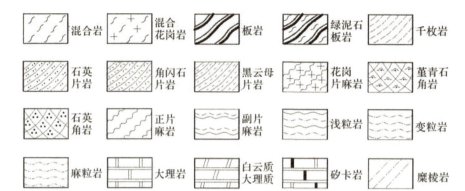

五、围岩蚀变

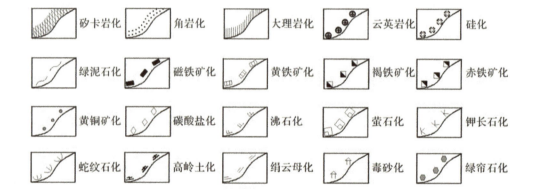

附录 C 构造及矿产符号

一、地层界线和构造界限

1. 地质界线

2. 褶皱

3. 断层（线条均为红色）

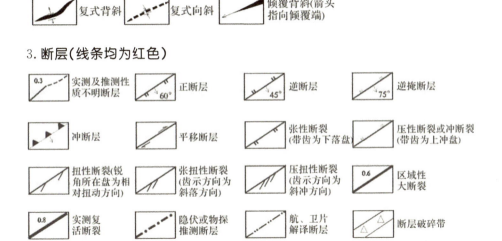

二、矿产图例

1. 矿产规模大小规定

大型直径 8 mm；中型直径 6 mm；小型直径 4 mm；矿点直径 3 mm；矿化点直径 2 mm。

2. 常见矿产符号及颜色

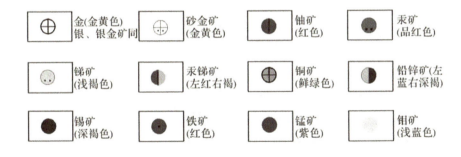

附录 D 地层、岩浆岩及其相应的地质时代和代号综合表

地层表				地质时代表			花岗岩时代表			地质年龄/Ma
显生宇	新生界 Kz	第四系 Q	（略）	新生代	第四纪	（略）	喜马拉雅山期	γ_6		2.6
		第三系 R	新近系 N	上新统 N_2		新近纪	上新世			晚期 γ_6^2	
				中新统 N_1			中新世				23
			古近系 E	渐新统 E_3		古近纪	渐新世			早期 γ_6^1	
				始新统 E_2			始新世				
				古新统 E_1			古新世				66
	中生界 Mz	白垩系 K	上白垩统 K_2	显生宙	中生代	白垩纪	晚白垩世	燕山期	晚期 γ_5^3		
			下白垩统 K_1				早白垩世				146
		侏罗系 J	上侏罗统 J_3			侏罗纪	晚侏罗世		早期 γ_5^2		
			中侏罗统 J_2				中侏罗世				
			下侏罗统 J_1				早侏罗世				200
		三叠系 T	上三叠统 T_3			三叠纪	晚三叠世	印支期	γ_5^1		
			中三叠统 T_2				中三叠世				
			下三叠统 T_1				早三叠世				251
	古生界 Pz	上古生界 Pz_2	二叠系 P	上二叠统 P_2	古生代	晚古生代	二叠纪	晚二叠世	海西期	晚期 γ_4^3	
				下二叠统 P_1				早二叠世	γ_4		299
			石炭系 C	上石炭统 C_3			石炭纪	晚石炭世			
				中石炭统 C_2				中石炭世		中期 γ_4^2	
				下石炭统 C_1				早石炭世			359

附录D 地层、岩浆岩及其相应的地质时代和代号综合表

续表

地层表			地质时代表			花岗岩时代表			地质年龄/Ma
显生宇	古生界 Pz	泥盆系 D	上泥盆统 D_3	晚古生代	泥盆纪	晚泥盆世	海西期	γ^4	早期 γ_4^1	
			中泥盆统 D_2			中泥盆世				
			下泥盆统 D_1			早泥盆世				
										416
		志留系 S	上志留统 S_3		志留纪	晚志留世			晚期 γ_3^3	
			中志留统 S_2			中志留世				
			下志留统 S_1			早志留世				
				显生宙						444
	下古生界 PZ_1	奥陶系 O	上奥陶统 O_3		奥陶纪	晚奥陶世	加里东期	γ_3	中期 γ_3^2	
			中奥陶统 O_2	早古生代		中奥陶世				
			下奥陶统 O_1			早奥陶世				
										488
		寒武系 ∈	上寒武统 $∈_3$		寒武纪	晚寒武			早期 γ_3^1	
			中寒武统 $∈_2$			中寒武				
			下寒武统 $∈_1$			早寒武				
										542
隐生宇	元古界 Pt	震旦系 Z（可二分为 Z^a 和 Z^b）	上震旦统 Z_3	隐生宙	元古代	晚震旦	元古代	γ_2	晚期 γ_2^2	
			中震旦统 Z_2		震旦纪	中震旦				
			下震旦统 Z_1			早震旦				
		上元古亚界 Pt_3		前寒武纪 An∈		晚元古代			早期 γ_2^1	1 000
		中元古亚界 Pt_2				中元古代				1 600
		下元古亚界 Pt_1				早元古代				2 500
	太古界 Ar	上太古亚界 Ar_2			太古代	晚太古代	太古代	γ_1		2 800
		下太古亚界 Ar_1				早太古代				3200

注：地层时代表根据王鸿祯等《中国地层时代表》，1990年国际地层学会资料。

参考文献

[1] 姜启明,鲁挑建.甘肃礼县中川地区金矿成岩和成矿年龄的 SHRIMP 厘定[J].地质科学,2014,49(4):1184-1200.

[2] 陈衍景,富士谷.豫西金成矿规律[M].北京:地震出版社,1992:234.

[3] 韩吟文,马振东.地球化学[M].北京:地质出版社,2003:243.

[4] 胡受奚,林潜龙,陈泽铭,等.华北与华南古板块拼合带地质与成矿[M].南京:南京大学出版社,1988:558.

[5] 张国伟,张本仁,袁学成,等.秦岭造山带与大陆动力学[M].北京:科学出版社,2001.

[6] 郭进京,韩文峰.西秦岭晚中生代-新生代构造层划分及其构造演化过程[J].地质调查与研究,2008,31(4):285-290.

[7] 王荃.中国华泰克拉通与 Rodinia[J].地质科学,2014,49(1):1-18.

[8] 温志亮,徐学义,赵仁夫,等.西秦岭党川地区泥盆纪花岗岩类地质地球化学特征及构造意义[J].地质论评,2008,54(6):827-836.

[9] 张宏斌,余晓红,刘斌.华家岭花岗质侵入岩体的地质特征研究[J].甘肃地质学报,2004,13(2):45-50.

[10] 刘建宏,赵彦庆,张新虎,等.甘肃西秦岭地区成矿系列的初步厘定[J].甘肃地质学报,2005,14(1):33-41.

[11] 姜启明,李岳,魏邦龙.甘肃马泉金矿载金矿物研究[J].黄金科学技术,2002,10(6):8-14.

[12] 姜启明.甘肃崖湾金矿地质特征及前景分析[J].黄金地质,2004,10(3):32-38.

[13] 姜启明,鲁挑建,徐汉南,等.甘肃马泉金矿成因类型探讨[J].金属矿山(增刊),2009:324-328.

[14] 鲁挑建,姜启明.甘肃马泉金矿地质特征及找矿标志[J].东华理工大学学报(自然科学版),2010,33(2):154-158.

[15] 姜启明,鲁挑建.甘肃马泉、金山金矿对比研究[J].黄金科学技术,2010,18(1):22-26.

[16] 鲁挑建,姜启明,朱明国.甘肃某铀矿铀镭平衡系数研究[J].北京.铀矿冶,2010,18(1):134-137.

[17] 姜启明,鲁挑建,张玉龙.甘肃范家坝铀矿地质特征及未来开采若干问题的探讨[J].东华理工大学学报(自然科学版),2012,35(2):119-123.

[18] 张玉龙,姜启明,廖明伟.甘肃刁德卡铀矿地质特征及成因探讨[J].环球人文地理,2017,33(12):80-82.

[19] 谭洪波.甘肃中川金铀矿床地质特征及成因讨论[J].东华理工大学学报(自然科学版),2009,32(3):219-225.

[20] 殷先明.甘肃岩金矿床地质[M].兰州.甘肃科学技术出版社,2000:177-200.

[21] 李健中,高兆奎,孙省利,等.西秦岭原"舒家坝组"地层学解体及其李坝群浊流纵向搬运模式[J].甘肃地质学报,1996,5(2):32-39.

[22] 陈健,孙明,段晓华.甘肃冯家场金矿床地质特征及找矿方向[J].黄金地质,2003,9(4):34-38.

[23] 祝新友,汪东波,卫治国,等.甘肃西成地区南北铅锌矿带矿床成矿特征及相互关系[J].中国地质,2006,33(6):1361-1370.

[24] 谈应范,洪春谢.甘肃西成铅锌矿田秦岭型铅锌矿床地质特征及找矿方向[J].甘肃冶金,2008,30(4):39-42.

[25] 祝新友,汪东波,卫治国,等.甘肃代家庄铅锌矿的地质特征及与找矿意义[J].地球学报,2006(06):595-602.

[26] 姜启明,张玉龙,王敏龙,等,用放射性物探技术探测滑坡的应用[C].甘肃省学术年会,2017.